爆笑萌科學
①

不可思議的
地球生活

便便、樹懶、彩虹……
可愛角色帶你上天下海探索萬物奧祕

A Day in the Life of a Poo, a Gnu and You

麥可‧巴菲爾 Mike Barfield、潔斯‧布萊德利 Jess Bradley ⊙ 著
吳妍儀 ⊙ 譯

目次

地球與科學 81

前言

歡迎來到《不可思議的地球生活》，
一本讓你大笑出聲的科學生活書
（在某些日子裡還會脫離地球）。

這本書分成三部分：
人體、動物世界，還有地球與科學。
如果你曾經想要知道你體內發生什麼事？
當你不注意的時候，動物到底在幹嘛？
或者我們這個世界裡種種事物運作背後的科學？
讀這本就對啦。

書裡有很多「不一樣的地球生活」漫畫，
給你一份種種生物非生物整天在幹嘛的速寫，
「地球生活筆記」頁面則提供額外的資訊與方便的圖表，
再加上「祕密日記」，讓你一窺種種內幕知識。

你也會在本書最後找到一份詞彙表，
這份詞彙表會解釋你在閱讀過程中碰到的任何難懂字詞。

所以還等什麼呢？時間寶貴，趕緊翻開下一頁吧！

  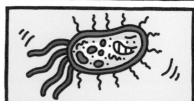

人體

醒著或睡著，東奔西跑或者正在休息
——我的天啊，你一直都很忙碌欸。
這一節在講的就是這個：
你跟你的「內在」。
事實上，你可以說這一節充滿了「內幕知識」。
從你頭上的頭髮到你的腳趾尖，
準備好讓你的大腦塞好塞滿你需要知道的一切吧：
鼻屎、骨頭、疣、尿尿、面皰、便便，
還有其他更多更多。

不過，我們得先提醒你
——要面對其中某些內容，你可能需要一個健壯的胃。
幸運的是，你也會在接下來的頁面裡找到一個。

大腦

嗨!我是妳的大腦。
我每天從早到晚
都主宰著妳的身體。

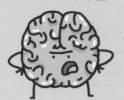

有人說我有點
控制狂,不過,
他們錯啦……

我不是有點,是徹底的控制狂!
我管控一切。
妳得感謝我讓妳:

移動　　　思考

感覺

我是由數十億叫做神經元的
特殊細胞*構成的,
神經元收發在妳體內到處往來的訊號。

軸突末梢

細胞核　　　　軸突

神經元能夠以
數百公里的時速
送出訊號。
它們聯合起來
產生的電力,
可以點亮
一顆燈泡。

閃亮亮

我有兩半,稱為腦半球。
整體而言,我的左邊控制妳的右半身,
我的右邊則控制妳的左半身。

右腦半球　　　　左腦半球

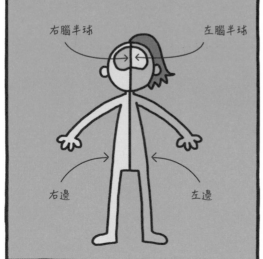

右邊　　　　　左邊

而我的不同部位會負責不同的工作。

計畫
與個性

觸覺
與動作

視覺

情緒
與記憶

協調

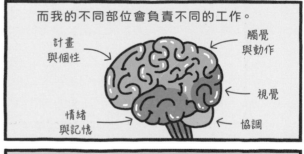

我跟不同的身體部位之間,
有很多訊號來回往返。
也許就是這樣,我偶爾會有點笨拙!

唉呀!

＊細胞是所有生命的基本建材。

我的工作可忙的了，甚至當妳睡覺時，我都還在加班。

舉例來說，我把妳白天的記憶鎖起來……

喀噠！

……我也把妳的肌肉關掉，讓妳無法隨著瘋狂的夢境起舞。抱歉啦！

如果妳的手指被刺到，痛覺接收器就會送出一個訊息到脊椎神經，然後再傳給我。

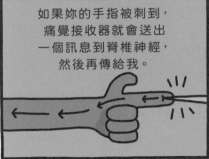

脊髓叫妳馬上把手挪開。

而我也會在心裡做個有用的筆記。

必須避開尖銳物體。

我還會送出稱為荷爾蒙的化學訊息到你的血液裡。

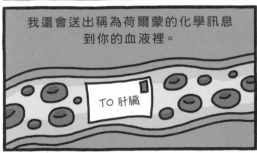

TO 肝臟

我跟妳身體的每一部分都保持聯絡。

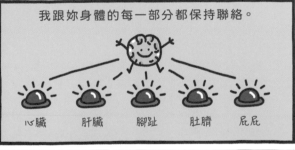

心臟　肝臟　腳趾　肚臍　屁屁

以一個大小跟大葡萄柚差不多的濕軟灰色器官來說，表現得不錯。

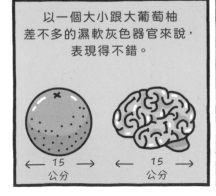

← 15 公分 →　← 15 公分 →

我或許是控制狂，但其實都是為了妳。

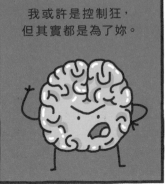

所以，拜託，好好照顧我。

騎腳踏車記得戴安全帽！

眼睛

嗨!我是眼睛,很高興見到你。

我跟我的雙胞胎小左,組成你部分的「視覺系統」,讓你可以看見東西。

小右   小左

我們從周遭的世界接收資訊,然後送到你大腦後方的視覺皮質去處理。

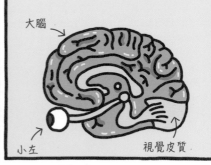

大腦

小左   視覺皮質

無論是掃描像你正在閱讀的這個句子,或者注視著你要前往的方向,我們一直都在動。

往右看   往左看   看鼻子

「瞳孔」就是位於我們中央的黑洞,一直在改變大小。變大或小,就看外面有多少光線。

光線不多:瞳孔變大增加進入光線

光線很強:瞳孔變小減少進入光線

光線打在眼睛上以後,水晶體把光線聚焦到叫做視網膜的特殊細胞層上。但這道光被聚焦成上下顛倒,所以會被送到你大腦裡處理後轉正。

就算是睡覺的時候,你的眼睛也保持移動,尤其是在夢裡。

這叫做快速動眼 (REM) 睡眠。

眼睛不會在你打噴嚏的時候噴出去。那是個迷思。我們才不會那樣拋下你。

天啊!

整天盯著螢幕很累。為何不來看本書呢?就像…這本!

掰!

張大眼睛仔細看

眼睛是有許多特色的複雜結構。
平均來說，眼睛有24公釐寬，
大約是一顆聖女番茄的大小。

視網膜
這是一層特殊的細胞，
叫做桿狀細胞跟錐狀細胞。
它們把光線變成信號，
透過視神經送進大腦。

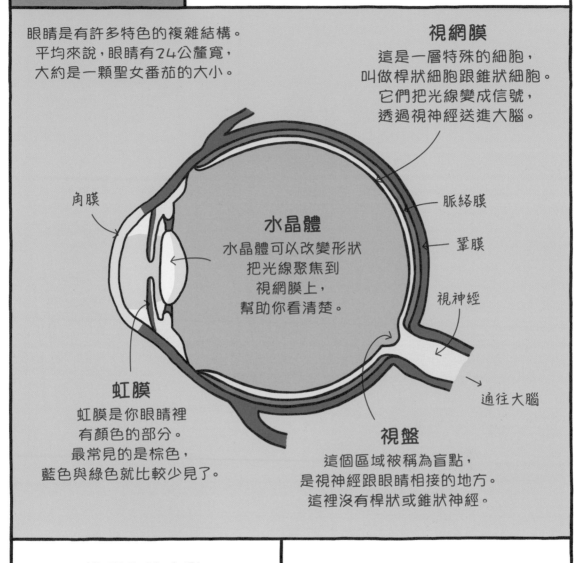

角膜

水晶體
水晶體可以改變形狀
把光線聚焦到
視網膜上，
幫助你看清楚。

脈絡膜

鞏膜

視神經

通往大腦

虹膜
虹膜是你眼睛裡
有顏色的部分。
最常見的是棕色，
藍色與綠色就比較少見了。

視盤
這個區域被稱為盲點，
是視神經跟眼睛相接的地方。
這裡沒有桿狀或錐狀神經。

找到你的盲點
閉上左眼，
然後用右眼盯著那個十字。
把這一頁前後挪動，
直到眼球「消失」為止。

牙齒

的祕密日記

這段摘錄是出自阿臼的日記，
一位10歲女孩嘴裡的
一顆「臼齒」。

阿臼

星期一

就讓一天從好好刷牙開始，
讓我的琺瑯質外層乾淨得發亮。
有人告訴我，
牙齒琺瑯質是人體上最堅硬的物質。
不過牙刷感覺起來還是癢癢的。

請保持牙齒乾淨！

前臼齒	犬齒	門牙	臼齒
壓碎研磨	撕裂食物	切碎食物	搗爛食物

星期二

我最近找到做深層清潔的理由了：
學校拍照日。
因為我的位置在後面，
你無法把我看得太清楚。
不過沒關係，
我不像那些愛現的犬齒，
老是成為矚目焦點。

星期三

我們今天去看牙醫了，
從牙醫放進嘴裡的鏡子上
看到自己還挺怪的。
但接下來的事更怪：
我們用X光機拍了照。
今天把自己從裡到外看清了
——超詭異的！

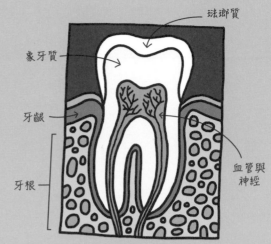

星期四

回到磨人的日常——名符其實喔。
我們今天的晚餐是玉米棒。
犬齒切下玉米粒，
然後我們臼齒負責磨碎。
這是很好的運動，
雖然後來有一顆臼齒
說他覺得自己有點站不穩。糟糕！

星期五

今天我們失去了一位同伴
——臼齒「臼弟」掉下來了。
不過他是一顆乳牙，
遲早得把位子讓給恆齒。
我們的主人因此得到一枚閃亮的硬幣
——我希望她把錢花在牙膏上。

舌頭

嗨，我是人類的舌頭。我們來聊聊天吧。

我是用從不停止工作的強韌肌肉做的。

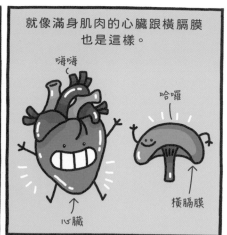

就像滿身肌肉的心臟跟橫膈膜也是這樣。

嗨嗨

哈囉

心臟

橫膈膜

味蕾是我上層表面的特殊細胞，可以辨認出五種來自食物的味道：

甜味　　酸味　　鹹味　　苦味　　鮮味

在你咀嚼後，我會幫忙把食物鏟進你的喉嚨裡。

下面小心！

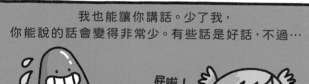

我也能讓你講話。少了我，你能說的話會變得非常少。有些話是好話，不過…

屁啦！

噗！

某些舌頭甚至有超能力。你的舌頭有嗎？

捲舌
10根舌頭裡有6根做得到這招。

碰鼻尖
10根舌頭裡只有1根辦得到。

到了晚上，我跟你臉上的其他部位會放鬆一點。但，這也表示口水會溜出你的嘴巴喔。哎呀！

真抱歉，掰啦！

毛髮上的不速之客

有時，毛髮會為頭蝨這類不請自來的客人提供溫暖的家。
頭蝨只住在人類身上，而且無論是乾淨或骯髒的頭髮，牠都愛。
所以，長了頭蝨只是因為運氣不好。
牠們可能很惱人，但完全無害。

卵

蝨子的生活
蝨子的壽命
大約是1個月，
雌性每天可以
產下3到8個卵。
就是被稱為卵的小點。

蝨子

真美味的血，
多謝啦！

用餐時間
蝨子進食就是
從你頭皮上吸血，
直到全身發紅為止。
牠們不會飛不會跳，
卻爬得非常快。

鼻子
的祕密日記

這段摘錄是來自諾曼的日記，
他是個10歲男孩的
鼻子。

諾曼

第一件事

這一天，是從我的主人睡醒後跑去廁所開始
——喔！天哪。
我不盡然都會聞到芳香的花朵跟美味的食物。
在物體的氣味分子飄進空氣中，
直接落在我的「嗅覺」受器上時，
我的嗅覺力就會出現。
所以，我無法做任何事來阻止這個。

謝謝，不必了

在外面
總比在
裡面好，
是吧？

早上8:45

我的主人開始吸鼻子，
我則開始「鼻水貢貢流」。
這有一部分錯在我——
我的鼻孔內部製造出太多黏液了。
其中大部分會從我後面流下去，
主人就把它吞下肚（抱歉了，胃老兄）。
不過，其中一些最後會滑出去。糟糕。

早上9:30

我鼻孔裡面的細毛，
在你呼吸時會幫忙阻擋塵土
一路衝進你的肺裡。
在「貢貢流」以後，
我開始製造一種屎：鼻屎！
當我鼻孔裡的過量黏液乾掉結塊時，
它們就出現了。

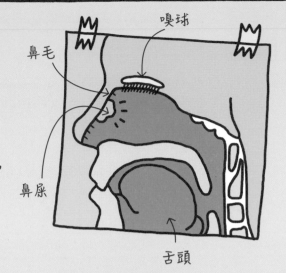

嗅球

鼻毛

鼻屎

舌頭

天作之合

早上9:45

很快就有一根手指來訪了。
我知道這其實不太禮貌，
不過就像我的主人跟他媽媽說的：
「如果我們不能挖鼻孔，
為什麼我們的手指
會那麼適合挖鼻孔？」

早上9:47

嗯——我本來希望我的主人
會把鼻屎捏成球彈出去，
結果他是個「鼻屎客」，
把鼻屎給吞下去了，
裡面有乾掉的黏液、鼻毛跟塵土等等。
現在，我只希望他不是個「挖鼻狂」，
一個沒辦法停止摳鼻子的人。
不然，我會永遠不得安寧。

被吞掉的鼻屎

疣

嗨,
我是一顆疣,
名聲不是很好,
大家都討厭我。

不過也許在
讀過這篇以後,
你會「疣」恨生愛唷。
哈哈!

你皮膚上的任何地方
都可能長疣。
我是腳上的疣,所謂的蹠疣。
而且,其實我們很常見。

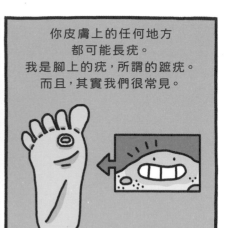

常見的疣是由感染你皮膚細胞
的「人體乳突」病毒(HPV)
所導致的。

病毒細胞

吼吼

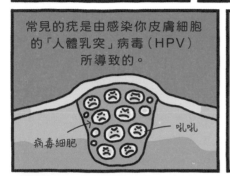

像我這樣的蹠疣是由同一種病毒造成的。
我無法讓你成為選美冠軍,不過,我多半沒有害處。
擺脫我的辦法多得是 —— 如果你非得這樣不可。

乳霜　　　液態氮　　　小手術　　　浮石

事實上 —— 或許我不該告訴你這個
—— 我可能會隨著時間過去而自然消失。

那你會
想我嗎?

但幸運的是,你們人類會一直藉著摳摳我,
把我傳播感染出去。

摳摳

握手
握手

摳摳

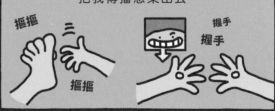

所以,如果你不想和我成為超級好朋友,
絕對別和其他人共用毛巾,
讓腳保持乾燥,每天換襪子,
如果要去游泳池,就穿夾腳拖。

也許我不該告訴你
這件事。但整天被人
踩在腳下的生活,
其實很悲哀的。

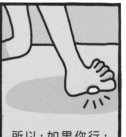

所以,如果你行,
就來抓我啊,
哈哈!

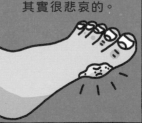

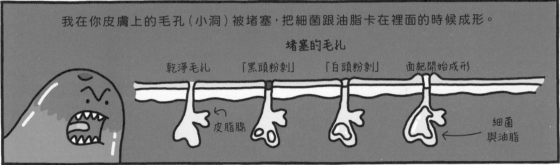

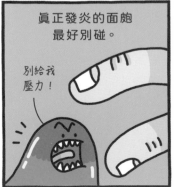

骨骼

哈囉、哈囉、哈囉。
我們是你的某幾根骨頭。

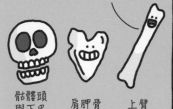

骷髏頭與下巴　肩胛骨　上臂

這裡不是應該由我負責講話嗎?

哼,大頭症

我們是你身上骨骼的一部分。
我們在一個成年人類的身上總共有206個。

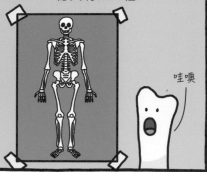

哇噢

不過,新生兒的骨骼會超過300根。在你長大的時候,有些骨頭會融合在一起。

300+　　300+1根雞腿

「鐙骨」是你體內最小的骨頭。
它長在耳朵裡,負責幫忙傳導聲波。

大概就是一顆穀粒或米粒的大小。

最長的骨頭是大腿骨,也稱為股骨。

是最硬、最難折斷的骨頭,而且大概是你身高的四分之一。

你的骨骼有很多事情要做,它的五個主要功能如下:

保護你的大腦

保持身體直立

幫助你移動——擊掌!

儲存脂肪與礦物質,像是鈣
在我們體內的骨髓製造血液細胞

你的骨頭全都以韌帶、肌肉跟肌腱彼此相連,就像你的肘關節,在這裡。

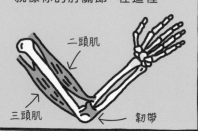

二頭肌

三頭肌　　韌帶

只有舌骨例外。
這根骨頭在你的舌頭底部,並沒有連結到任何其他骨頭。

我好寂寞

所以,如同你剛剛看到的,骨頭可是非常重要的。

我們早就告訴你啦

真有骨氣！

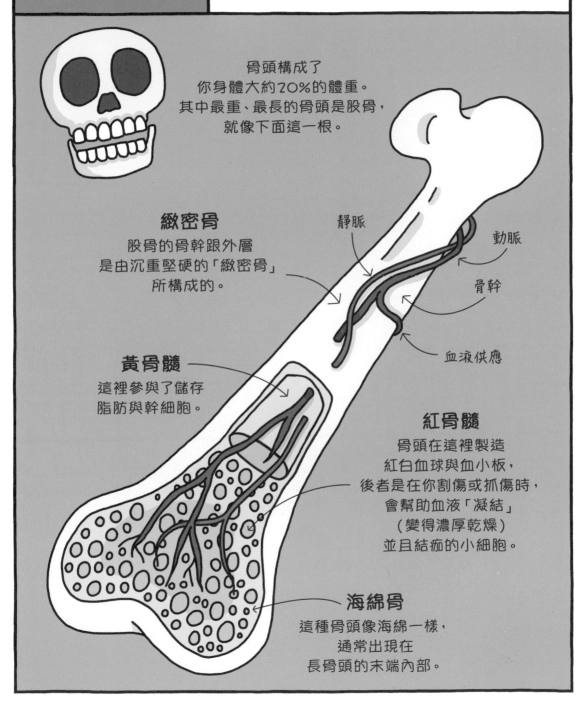

骨頭構成了
你身體大約20%的體重。
其中最重、最長的骨頭是股骨，
就像下面這一根。

緻密骨
股骨的骨幹跟外層
是由沉重堅硬的「緻密骨」
所構成的。

靜脈

動脈

骨幹

血液供應

黃骨髓
這裡參與了儲存
脂肪與幹細胞。

紅骨髓
骨頭在這裡製造
紅白血球與血小板，
後者是在你割傷或抓傷時，
會幫助血液「凝結」
（變得濃厚乾燥）
並且結痂的小細胞。

海綿骨
這種骨頭像海綿一樣，
通常出現在
長骨頭的末端內部。

白血球
的祕密日記

這段摘錄是出自阿中的日記，
他是一種被稱為嗜中性球的
白血球細胞。

阿中

第1-7天

起初，我是你骨髓裡的
一個單純「幹細胞」
（這種細胞可以變成任何其他細胞）。
我會在7天後成熟，變成一個嗜中性球。
這是最常見的種類，
而我的工作就是幫助你對抗感染。
幸運的是，我不是單打獨鬥。
每天大約有1,000億個我們被製造出來。

這裡很忙！

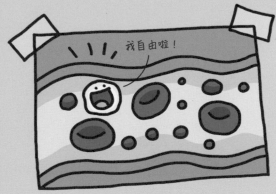

我自由啦！

第8天

終於！我離開骨髓，進入血流。
雖然紅血球的數量遠超過我們，
不過我只是很高興我在動了。

第8天：下午1：00
緊急狀況！
細菌闖入一根被割傷的手指了，
現在是我們白血球
大展身手的重要時刻。

第8天：下午2：00
我被血液運送到感染區，
然後便開始吞噬入侵者，
讓我的外膜流過去包住它們，
把它們困在我體內的小囊裡。
逮到你啦！

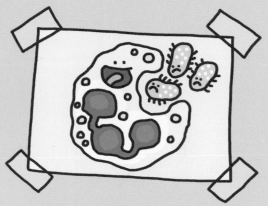

第8天：下午3：00
接下來就好玩了。
我把特殊的酶*釋放到
裹住細菌的小囊裡，
摧毀它們。
勝利！

第8天：下午4：00
我該說再見了。
嗜中性球只能維持幾小時。
很快我就會被「巨噬細胞」除掉——
一個負責解決死亡細胞的
白血球同胞。
唉，好啦，我盡到本分了！

啊嗯！

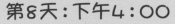

＊加速體內反應的化學物質。

肺臟

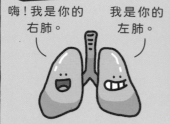

嗨!我是你的右肺。

我是你的左肺。

長在我們之間的那個東西,是我們的「氣管」。

左肺通常會稍微小一點,保留空間給你的心臟。

謝啦!夥伴

我們是由柔軟的海綿狀組織構成的,充滿了充氣空間。我們輕到可以在水裡浮起(這倒不是說我們常這樣做)。

想游個泳嗎?

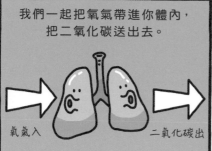

我們一起把氧氣帶進你體內,把二氧化碳送出去。

氧氣入

二氧化碳出

甚至在你睡覺時,我們也不會停工。

你在晚上看到的事物會很驚人喲。

我們每天呼吸大約25,000次,可以吹出超多氣球。

你吸氣時,肋骨會往上並往外移,橫膈膜則收縮往下移。這個動作讓我們充滿空氣。

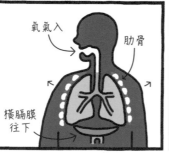

氧氣入

肋骨

橫膈膜往下

你呼氣時,肋骨往下並往內移,橫膈膜放鬆並往上移,把空氣往外推回去。

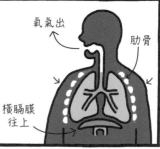

氧氣出

肋骨

橫膈膜往上

而當這一切發生的時候,你都不需要思考。

我們超聰明的啦

不過你還是可以控制怎麼呼吸,甚至屏住呼吸。

但我們不喜歡那樣,所以拜託不要。

深深吸一口氣

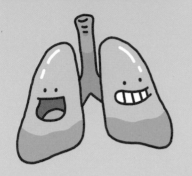

看到我們有多棒了嗎？
你甚至可以說，我們棒到讓人都忘了吸氣。
哈！所以，請記得運動並照顧我們，
好讓我們可以變得更強壯有力。

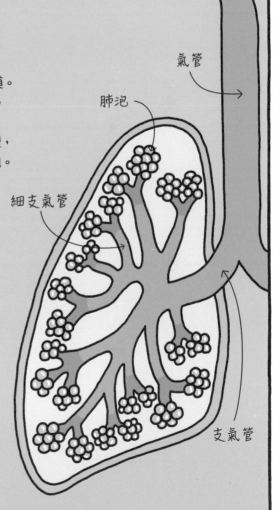

氣管

肺泡

細支氣管

支氣管

呼吸道

肺臟裡有長達
2,400公里的呼吸道。
空氣透過氣管移動，
進入稱為支氣管
跟細支氣管的管道裡，
最後進入囊狀的肺泡。

肺泡

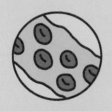

在肺泡裡，
紅血球吸收氧氣
並釋出要呼出的
二氧化碳。

纖毛

纖毛

某些呼吸道裡
有黏液跟纖毛，
後者這些細毛
把塵土跟病菌困住，
然後再把它們
往上送出去。

心臟

我是人類的心臟，**負責推送血液！**

我 ❤ 我的工作！

我是你體內第一個成形的器官。在你出生前，我就已經在跳動了。

好舒服喔

你可以在胸膛裡找到我，就在肺臟下面。我整天都在忙著把血液推到你的全身，所以好在我是用強韌、充滿肌肉的組織做成的。

當然，我有在健身

我天天都送出血液，踏上環繞你全身的19,000公里旅途，這距離只比倫敦到東京來回短一點點。

從我　→　到肺臟　→　回到我　→　然後是你想得到的每個地方　→　然後又回到我

對於一個跟你的拳頭差不多大的器官來說，表現滿不賴的。

我的跳動是由一群稱為竇房結的細胞送出的電子信號控制。

在你休息的時候，我每分鐘跳動大約60-100次。

維持這個節奏！

每次心跳都含有可以捏扁一顆網球的力道。

發球得分！

我必須保持好身材才能做到這一切，所以，多動多健康。

來吧！

在你讀這一頁的時間裡，我已經又壓縮百來下了。你看，我停不下來。

噗通跳的英雄

人體循環系統是由稱為血管的管道構成的網絡，
把血液泵進你整個身體裡。
我呢，嗯，就處於這個系統的「心臟」地帶。

主動脈
這是體內最大的
「動脈」——這條管道
運送含氧血液，
把血液從心臟中運走。

完美的「管路」
心臟有4個腔室，
被稱為心室跟心房，
還有幾個阻止
血液逆流的瓣膜。

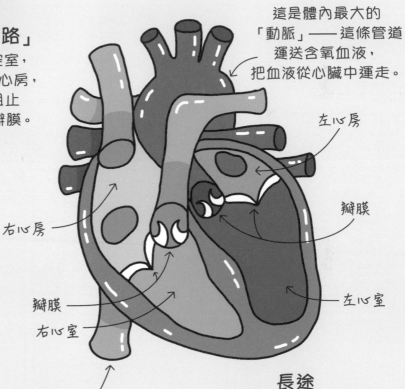

左心房

瓣膜

右心房

瓣膜

左心室

右心室

下腔靜脈
這是你體內最大的「靜脈」，
這條管道運送耗盡氧氣的血液，
把來自你下半身的血液送回心臟。

長途
包括所有稱為「毛細血管」的
極狹窄血管在內，
人體內有超過96,000公里長的血管，
這比繞地球一圈的2倍距離還多。

胃

想知道關於胃部的情報嗎？

唔，我是個袋狀的、滿身肌肉的器官，位於你的食道跟小腸之間。

係金A

你可以說我是你的「生命之袋」。我對你的消化系統——分解吸收食物的過程——很重要。

餵我！

當咀嚼過的食物來到我這裡時，那圈被稱為括約肌的肌肉就箍緊了。

←括約肌

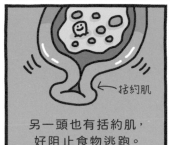

另一頭也有括約肌，好阻止食物逃跑。

←括約肌

我空的時候是扁的，不過一旦要裝東西，也真的很能裝。

飽漲

我會擠碎、輾壓你吃的食物，把它跟稱為酶的特殊化學物質混在一起。

壓扁

壓爛

擠壓

我還會加上一種稱為鹽酸的物質。鹽酸強到可以清除鐵鏽。

擦擦
擦擦

這樣創造出一種由部分消化食物構成的半液態團塊，稱為食糜。

嗯

食糜接著去了小腸，除非有某種壞東西讓我的內裡不舒服。

大腦呼叫胃——狀況有點不對勁

在那種狀況下，橫膈膜跟腹肌會收縮，增加我身上的壓力，然後把食物逼出去

嘔！

這就是我一天的工作。（順便一提，你晚餐吃啥？）

餵我！

肝臟

聽著,我很忙,所以咱們速戰速決。你對我的工作有任何概念嗎?告訴你,我幾乎**什麼都做**!

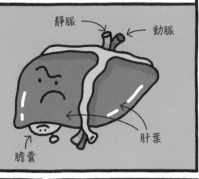

靜脈
動脈
肝葉
膽囊

至少感覺上像是那樣。我有一大堆不同的工作要做,時時刻刻、天天如此。分秒必爭!

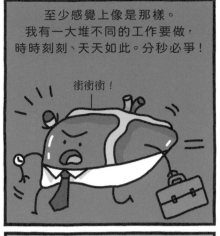

衝衝衝!

然而,就算我很重要,大多數人卻不知道我在哪裡。

把歉

我在**這裡**,在上腹部,就在你的橫膈膜下面。

現在你知道啦

我是人體內最大的腺體兼最重的器官,重約1.5公斤。

輸家!

我可能不是很歡樂洋溢,但你看看我必須做的所有工作:

清潔血液　　　儲存維生素與礦物質　　　移除毒素　　　製造膽汁⋯　　　並且儲存

我也製造荷爾蒙、蛋白質,還要對抗感染⋯清單簡直沒完沒了。

◎做晚餐
◎遛狗
◎餵金魚

我創造出來的能量,溫暖了通過我的血液,也幫助維持你的體溫。

多謝

可是每個人都只愛心臟。那傢伙到底有做過什麼?

喂!

我也想要被愛啊。

啜泣

29

膀胱

嗨!我是你的膀胱。
我想跟你講話想到爆了。

我是混這裡的。

基本上,我可以說是一袋肌肉,形狀與大小大約等於一個上下顛倒的西洋梨。

你喝下的液體是由腎臟過濾,留住你需要的好東西,而要排掉的廢物(也就是尿液)交給我。我稍微保留一下,直到透過尿道排掉為止。

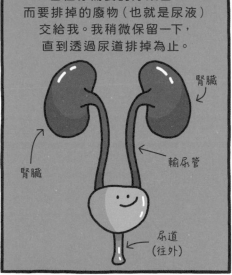

腎臟

腎臟

輸尿管

尿道
(往外)

隨著時間過去,我變得越來越滿,變得越來越大、越來越大、**越來越大**。

糟惹

我可以保存大約400-500毫升的液體,但在超過350毫升以後,就會變得很不舒服。幸運的是,你的大腦會接手告訴我要做什麼。

我憋不住了!

放尿!

較大的孩子可以訓練大腦對抗這股衝動,運用肌肉阻止水流。小寶寶就沒這麼靈巧了。

哇啊啊啊啊

即使如此,要是你非噓不可,那就別再忍啦!

準備!

啊,好多了。

呼!

現在洗洗你的手!

尿尿與你

你知道嗎，96%的尿液是由水構成的，
其他部分則是鹽以及尿素，
尿素是你體內吸收與分解蛋白質時出現的廢棄物。
接下來，我覺得你還會想要知道更多。

噁！

某些食物跟飲料可以讓你的尿發出惡臭。
雖然並不是每個人都聞得到，
蘆筍讓大多數人的尿液多出一種濃重的氣味。
咖啡同樣可以讓尿有味道，
還有富含維他命B6的食物也是，像是香蕉。

在過去，尿液會被收集起來，
然後用來跟稻草、糞肥
還有樹葉結合在一起，
製造出「硝石」，
一種製造火藥的必要物質。
會爆炸的尿？誰想得到呢？

哎呦喂！

你花的時間
長得可疑

你知道嗎，
大多數比老鼠大的哺乳動物，
尿尿大約都需要20秒，
甚至連大象也是，
而一隻大象可以一次尿出
高達9公升的尿？
還有，當貓尿受到紫外線照射，
就會在黑暗中發亮。
尿尿是不是很神奇？

腸子

如果我留得更久，
我就要開始長皺紋了—— 嘿嘿。
如同你看到的，你其他的晚餐
已經變成叫做食糜*的黏稠物質。

看這邊！我是一顆玉米粒，
準備要離開你的胃了（我在
這裡已經超過一小時囉）。

現在，我只等著跟它一起
搭上食物界所知最偉大的旅程…

別丟下我

…也被稱為腸道穿越之旅。
這裡是一份方便的地圖，
顯示我到過哪裡，接著要去哪裡。

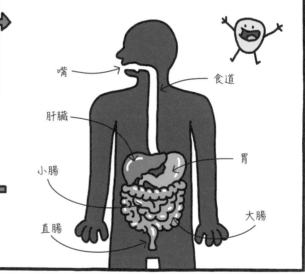

嘴
食道
肝臟
小腸
胃
直腸
大腸

食物離開胃部，穿過一個特殊的
肌肉瓣膜，叫做幽門括約肌。

呀呼！

瓣膜

第一站是小腸。小腸可能只有
2.5公分寬，不過大約有6-8公尺長。

所以我
真的沒有
那麼
「小」

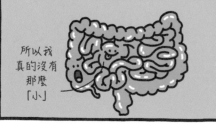

我跟食糜被一波波的肌肉收縮一路擠過去。
這些波動被稱為蠕動。

回來啊
我沒辦法！

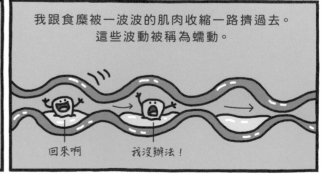

＊參見28頁的胃。

我們一路上被來自膽囊的膽汁跟來自胰臟的酶給淹沒了。

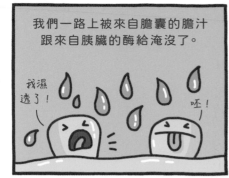

膽汁讓穿過你胃部的食糜變得沒那麼酸，酶則負責分解脂肪與蛋白質。老實說，這些液體全都有點黏黏的。

在那之後，你食物裡的營養素透過數百萬根被稱為「絨毛」的小小「手指」給吸收掉，這些絨毛就長在你的腸壁裡。

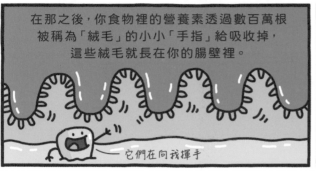

如果你把你的小腸攤開（包含絨毛），它的表面積會幾乎跟一座羽毛球場一樣大。

接下來輪到大腸了。

在這裡，細菌幫忙從你食物裡取回更多剩下的養分。水也被吸收到你體內。

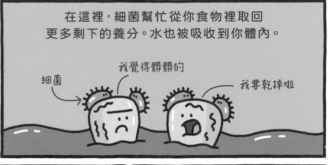

大腸的最後一部分是直腸。這是剩餘營養被吸收的地方，而剩下來的東西被壓碎在一起，變成了便便，然後在這裡等著被「大」出肛門。

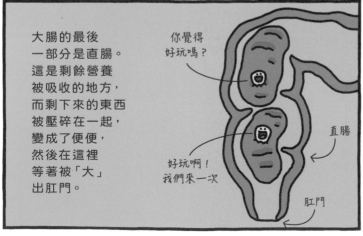

然後，新的旅程就開始了…

便便

真是驚人的一天啊。身為一顆便便，我可是很忙的。

首先，我被沖掉……

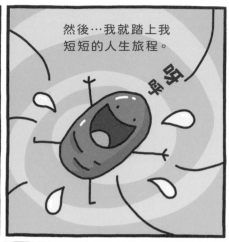

然後…我就踏上我短短的人生旅程。

便便

在那之後，你的尿尿跟我，還有很多其他的便便，會流過一連串的管子，進入一個巨大下水道。

這是便便派對

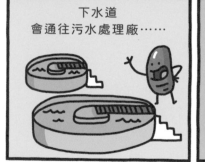

下水道會通往污水處理廠……

……我們在那裡被擠壓，通過一連串篩孔……

……把我們所有便便變成爛泥。

真狂野的旅程！

爛泥接著被送去給特殊的細菌分解。

這不是最棒的工作，但我不介意。

其中某些會變成農作物的肥料*。

農作物則可以長成新的食物。很酷齁？

以後再聞聞你…

＊肥料是一種加到土壤或土地上，以便幫助植物成長的物質。

認識你的便便

你的內臟裡發生什麼事,其實便便可以給你一條線索。
硬便便是「便秘」的症狀——就是在你發現很難大出來的時候。
液態便便是「腹瀉」的徵兆——那是發生在你大不停的時候。
不如來檢查你的便便,跟下面的便便做對照,
找出它們代表了什麼意義?

小而硬的團塊
便秘得很厲害,
可能很痛苦。

結塊的香腸
輕微便秘。
多吃點蔬菜,多喝點水。

碎裂的香腸
這是好便便。
幹得好,保持下去。

滑順的香腸
另一種好便便。
你是便便冠軍!

柔軟團塊
你的膳食裡
需要更多纖維,
這是個鬆散的便便。

糊糊的玩意
輕微腹瀉。
你可能生病了。

液態便便
危險!
這是便便夢魘。

屁

我是屁，
也被稱為：

噗
屁股打嗝
排氣
毒氣彈

呃，如果有機會從你
屁股出來，就會是屁。
現在我只是
被卡住的氣體。

我在這裡，在你的結腸裡，
結腸是大腸的一部分。
只是跟我的哥們一起鬼混。

想聽
便便笑話嗎？

不啦，
它們總是爛爛的

有很多構成我的氣體，
就只是你意外吞下的空氣。
四分之一的我是由
氧氣與氮氣構成的。

嗝

空氣

某一部分的
我是由二氧
化碳構成的，
那是胃酸
分解食物時
製造出來的

滋

滋

可是真正有趣
（有味道）的東西，
是在便便中間製造出來的。

多講一些嘛

微生物*靠著尚未消化的
食物維生，
並製造出臭臭的硫化氫……

噗嚕！

……那是真正會噴出的氣體。
你要小心某些食物，這些食物特別會製造屁，像是：

豆子　　花椰菜　　高麗菜　　櫻桃蘿蔔　　把子甘藍

人人都會放屁，
尤其是在睡覺時。

吼，又來了！

噗！

屁聲是來自你肛門肌肉的震動，
而且，你或許不知道，
大多數的屁都無臭。

出口！

遺憾的是，這個屁
不是這樣。

呀，噁心

噗嚕嚕嚕嚕嚕嚕

* 微生物是由少量細胞組成的微小生物。

36

咳嗽

別理我,我只是個很小、
極小、超小的灰塵。
相當無害,對吧?

錯。
我可以煩人得要死。

就像細菌、病菌跟煙一樣,
我可以讓妳咳嗽。
而妳絕不會知道
我在什麼時候出擊。

毫無警覺

首先,一陣風
把我吹進妳嘴裡。

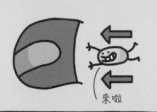

來啦

……然後直衝妳的氣管。

氣管

肺臟

這是「咳嗽反射」的
開端。

蛤?

在我撞到氣管側邊的時候,
神經末梢會警告身體的
其餘部分。

叮

叮

叮

妳的肺臟立刻行動,
深吸一口氣。

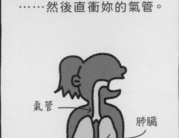

妳的聲帶猛然閉緊,
所以沒有空氣能逃脫。

開

關

最後,肺臟推著
那股空氣貼近聲帶,
逼著它們非常迅速地打開。

呼

那爆炸性的動作就是一聲
咳嗽,用大約160公里的
時速把我推出去。

呷~

我再度自由地漫遊空中,
等著下一個受害者。
哇哈哈哈哈!

手

我們是手手隊。
向我揮揮手吧。

我是拇指，隊伍裡
最獨立的成員。

哩賀！

那是因為我是「對生的」，
意思是說，我可以移動到
掌面上去碰其他手指。

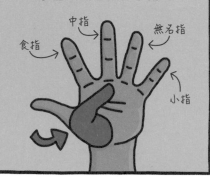

中指
食指
無名指
小指

對生很有用，
讓你可以抓握東西。

「很順手」，
對吧？

哈！

你知道嗎：如果用
你的拇指去碰你的小指，
可能會看到手腕上
某一條細細的肌腱*？
大約85-90%的人
有這個。

掌長肌

這條肌腱一點都不「順手」。
這是「退化的」象徵，象徵從我們遙遠的
過去所殘留下來的部分，當時為了在樹木間
移動而需要用到它。不過某些猴子跟狐猴
到現在還在使用這條肌腱。

拇指相撲？

對，我們知道

手手隊也包括：

保護你
手指末端的
指甲

握住東西
並且完全
無毛的手掌

指紋，
用來抓握東西，
人人都有獨特指紋

所以你看，沒別的東西像你的手一樣…
當然啦，你的另一隻手除外。哈！

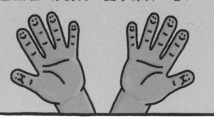

＊肌腱是一種有彈性的帶狀組織。

腳

我們是腳腳隊。

走這邊！

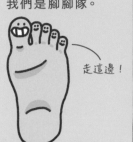

讓我們來告訴你
我們站在什麼立場。

站地上？

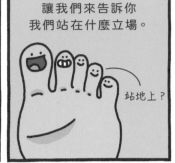

你可以看到
我們隊伍的重要元素：

腳踝

腳背

腳趾甲

腳跟
（承受你的
站立體重）

足弓
（吸收衝擊）

腳趾

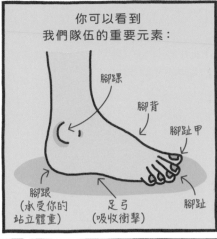

而我們裡面也有26根
你看不到的骨頭。

哈！
我們有27根

你走開！

某些人的第二根腳趾
比大腳趾長，
這種狀況叫做摩頓氏趾。

贏過你啦！

而有些人生來
就多一根腳趾，
這種狀況叫做贅生指。

有空間
再裝一個
小個子嗎？

人類是「二足動物」。意思是你用兩隻腳走路，
而不是四隻腳。不過我們不是唯一的二足動物。
其他靈長目*有時候也這樣。

當我們踩到
地面的時候，
「阿基里斯腱」
會延展。
當我們再度推離
地面時，它會
釋放能量，
幫助我們上路。

阿基里斯腱

肌肉

韌帶

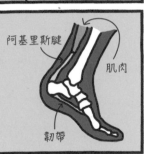

我們並非都在走走走。
我們也有好玩的一面。
每隻腳都有超過10萬個
神經末梢，所以我們非常怕癢。

不！住手！

一隻腳大概有
12萬5,000個汗腺，
每天製造大約一杯汗水。

如果我是你，
就不會喝

很幸運，我們這個
團隊非常密切；我們
花很多時間在一起！

這裡面
很舒服唷！

*靈長目是包括人類、猴與猿在內的哺乳動物。

紅血球
的祕密日記

這段摘錄來自鏽仔，
一個紅血球。

鏽仔

第1周

就在7天前，
我還是骨髓裡一個簡單的幹細胞。
最後，我終於變成一個紅血球。
呀呼！雖然我很微小，
不過一個人身上有超過20兆個我。酷吧？

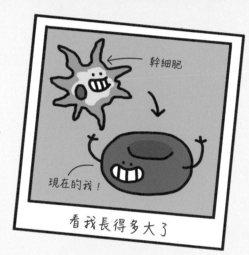

幹細胞

現在的我！

看我長得多大了

血小板

白血球

有氧的我

缺氧的我

第2周

終於，我到外面的血流裡了。
那裡也有「血小板」，
一種能止血的微小血液細胞，
還有白血球與更多更多的紅血球。
我的工作是搭載肺臟裡的氧，
把它送到組織裡，
然後搭載廢棄的二氧化碳，
把它帶回肺臟然後呼出去。

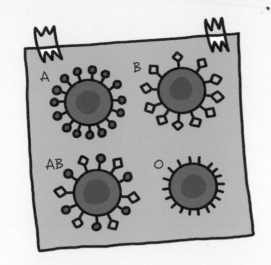

第5周

人有不同的血型。
4種主要血型是Ａ、Ｂ、Ｏ跟ＡＢ。
你是哪種血型是根據「抗原」判斷，
這是一種特殊的標記，
幫助你的身體辨識出
不屬於你的血球細胞。

第10周

今天我看到一個老紅血球
被一個白血球吞噬。
所有紅血球在活了大約4個月後
都會這樣。唉，好吧，
會有個新的紅血球取代它的位置，
人體每秒鐘就製造出200萬個。

第12周

多棒的冒險啊！
我剛剛沿著一條手臂旅行，
這時我被導向體外，
從一條管子裡往下進入一個袋子，
現在這個袋子擺在醫院冰箱裡。
我的主人捐了血。
這會被用來幫助另一個人恢復健康，
只要我們的血型相符就沒問題。

捐血一袋，救人一命！

41

細胞夥伴

人類身上約莫有30兆個細胞，又可約莫分為200種類型，
每個都有自己的特殊工作。
你會需要一架顯微鏡，才看得到大多數的細胞，
幸運的是，這裡就有一架了。

脂肪細胞

它們儲存脂肪，
你可以隨後燃燒，當成能量。

有人講到
「燃燒」嗎？

錐狀細胞

你可以在視網膜裡
找到錐狀細胞，
就在你眼睛後方。
負責彩色視覺。

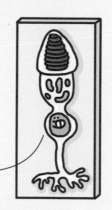

見到你真好！

皮膚細胞

你皮膚的外層被稱為表皮層。
在你的身體與外在世界之間
形成邊界。死掉的皮膚細胞
會從頂端浮起剝落。

它們要去
哪裡啊？

肌肉細胞

這些細胞可以延展與收縮，
讓你的肌肉能產生力量與動作。

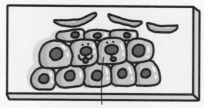

我們很強壯喔！

動物世界

轟轟！吼吼！嘶嘶！吱吱！
這一章一定很能夠召喚出你內心的野獸：
全都在講動物。

牠們怎麼蠕動、爬行、走路、飛翔、拍動或者游動，
一大群動物準備要來揭露牠們的故事了。

所以，如果你曾經想要跟蝙蝠一起玩、跟穿山甲一起打滾，
或者跟糞金龜一起挖土，速速翻頁。

保證你會有一段歡樂時光！

蜉蝣

哈囉！我是一隻雄蜉蝣，英文俗名五月蠅（mayfly）。

有月份叫做蠅月喔？

不是啦，是五月。滾啦，這是我的故事。

哼！

大家都以為蜉蝣的生命只有一天。我們生命確實短暫，但故事的全貌並不是這樣的。

從我媽產卵那一刻，我的生命便開始了。二個星期後，我會孵化到「若蟲」階段。

卵

若蟲

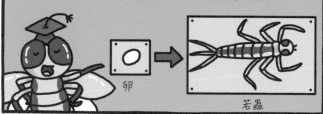

還是若蟲的我，就住在一顆石頭底下吃著水藻。但那都是往日時光，現在我長大了，什麼都不吃。

好餓……

我當了大約一年的若蟲，接著會有些改變：背後的皮膚裂開來，翅膀出現了。這是我的「亞成蟲」時期。

呀呼！我會飛了！

亞成蟲

但這只會維持一天，接著我會再度蛻皮，變成一隻「成蟲」。現在是找伴侶的時候了。

成蟲　哈囉

老兄，你找錯昆蟲種類了

但願我的空中舞蹈技巧最終能幫我吸引到雌蟲。

很酷的舞步喔！

然後，牠會把卵產在水裡，整個周期會重新開始。

如果我先吃掉妳就不會啦

我們當大人的時間只有幾小時、甚至幾分鐘。但我卻還在這裡跟你講話！

為什麼啊？

蜜蜂

歡迎來到我們的蜂巢。
我是一隻蜜蜂,
這個地方忙得嗡嗡響。

我是工蜂,
負責把花朵上的花粉
跟花拿去做成蜂蜜。

工蜂通常會有好幾千隻,
整天辛苦為蜂巢工作。
我們全是女生,而且都是姊妹。

我們是
大姊姊

我們全都
一樣大啦,
傻瓜

我們都是由蜂巢的領袖,
也就是蜂后所生的卵裡
孵出來的。

叫我
「陛下」

不能叫牠
「娘」嗎?

然而也有一小批雄蜂,
別名懶鬼。

喂!

牠們唯一的工作就是跟
蜂后交配,交配以後
牠們就死翹翹了。

呃!!

很遺憾

在交配以後,蜂后陛下把卵產在巢裡的蜂房中。
我就是這樣出生的。

卵　　　　幼蟲　　　　蛹　　　　我!

我的第一件工作是
清潔蜂巢,
製造蜂蜜跟照顧幼蟲。

這個可愛孩子
是誰呀?

最後,我必須飛到外面去,
造訪一些花朵。

我真走運

我一輩子可以飛到
800公里遠,
造訪數千朵花。

我是忙碌的蜜蜂

可是今天在下雨,
所以我留在巢裡,
把腳翹高高。回頭見。

蛞蝓
的祕密日記

這段摘錄來自山姆，
一隻住在某座後花園
裡的黑蛞蝓。

山姆

星期一

今天天氣棒極了——一直下雨。
蛞蝓最愛的莫過於黑暗潮濕的夜晚了。
濕氣是**最棒的**！少了它，
我那美妙的濃稠黏液可能會乾掉。
黏液讓我可以到處滑動，
而且讓獵食者比較難抓住我。

我 ♥ 雨天

星期二

今天走一條以前的黏液路徑時，
撞上一隻蠢蝸牛。
牠不過是比我多了個殼，
就開始笑我沒有自己的家。
有家了不起啊，哼！
蝸牛在冬天必須冬眠，蛞蝓不用。
牠才是魯蛇。

敵人

星期三

我想我今天要去「跑」一下。
不過距離不會太遠——
畢竟最高時速只有47公尺。
我是所謂的腹足綱，
這是來自希臘語裡的「胃」跟「腳」。
然而那跟我的跑步能力毫無關係。
那樣稱呼我，是因為
我充滿肌肉的「腳」在我肚子下面。

我恨「跑步」

星期四

真是災難！有些食物卡在我牙齒上了。
不過這種事常常發生。
我的「齒舌」長了大約27,000顆牙齒。
這是一種緞帶似的結構，上面有尖角，
我會用它來大嚼種種美味的晚餐，
例如植物、菌類、蚯蚓、腐敗的動物遺體，
甚至糞便。好吃。

我的齒舌

星期五

談到繁殖，
我同時具備雄性與雌性的生殖器官。
當我找到伴侶時，
我們會替彼此的卵受精，
但接著就各走各的了。
所以，今晚我要跟我最喜歡的蛞蝓
——自己——共度浪漫夜晚！
喔，還有150顆快要生下來的受精卵。

我，跟我的卵

蜘蛛

我是一隻雌金黃園蛛，
一種金蛛科蜘蛛。如同你看到的，
我是很棒的織網者。

我的眼睛正盯著你看，
而且，是八隻眼睛。

但別驚慌，
我只是在我的網子上
靜靜度過這一天。

你知道嗎？
我一張網子用到的蛛絲
就有大約20公尺喔！

我會先用普通蛛絲
做網子的結構，
然後才加上黏黏的膠。

正常蛛絲

有膠蛛絲

織網只要花一小時，網子是
設計來捕捉蜜蜂跟蒼蠅，而這
全都是出自稱為絲囊的器官。

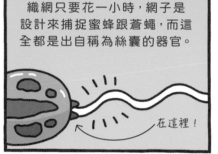

在這裡！

你的屁股辦得到嗎？

現在，我只能等待
有蒼蠅被困在
黏黏的蛛絲上。
這其實很無聊。

這裡有些我稍早抓到的蟲，
都被裹在蛛絲裡。

ㄅㄨㄞ

咦！那是誰啊？

喔，是個雄蛛啦，
來找伴的。

哈囉！

嗨！
可人兒！

我不想要
男朋友，但我很餓，
所以先把牠當成晚餐！

全球蜘蛛網

蜘蛛是來自蛛形綱的動物，
同綱動物還包括蠍子、蜱跟蟎。
不同的蜘蛛會過著非常不同的日子。
來看看我這些不尋常的八腳同伴吧。

潛水鐘

水蛛是蜘蛛王國裡的
水下冒險家。
牠們幾乎一輩子
都住在水面下，
待在牠們用蛛絲
困住的氣泡裡。

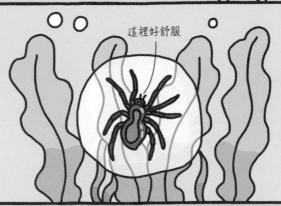

這裡好舒服

別理我，
這裡沒啥好看的

退散！

撒網

鬼面蛛把織網技巧
提升到另一個層次。
牠們製造出網子，
再用前腳抓住網子，
準備好伸出去抓住毫無戒心的
過路獵物。

暗門

暗門蜘蛛挖出地道，
上面蓋著用土壤或植物碎片
做成的活動蓋子。
然後，牠們就躲在地下，
等著跳出來驚嚇獵物。

這是哪來的？

蚯蚓
的祕密日記

這段摘錄是來自惠特尼的日記，牠是住在歐洲某個花園草皮下的蚯蚓。

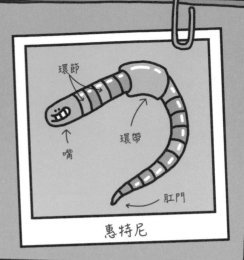

惠特尼

甜蜜的家

星期一

在今晚往上爬到頂以前，我在我位於草坪下的洞穴寫下這篇日記。稍早，我感覺到雨滴敲打在草地上所傳來的震動，所以知道上面會很美妙而潮濕。期待來一頓落葉大餐——好吃！

星期二

唔，這個夜晚真是不平靜！當時我正在大嚼一片很棒的老橡樹葉，身體一半在洞裡，一半在洞外，突然間出現腳步聲！一隻鬼鬼祟祟的狐狸想要把我當成牠的晚餐。幸運的是，我及時把自己拉回洞穴裡。嘿嘿，其實我比狐狸還狡猾。

星期三

今天有更多哺乳動物來找麻煩！
有隻鼴鼠在我的洞裡。
我可以感覺到牠朝我挖過來，
所以這次我往上逃，而且動作很快。
這些事情實在都很嚇人——
好在蚯蚓便便對土壤很好。

星期四

我替自己找了個伴侶。
蚯蚓是雌雄同體，
所以我們兩個都會在不久後
生下很多小蛋。

星期五

嗷！我今天在忙自己的事情時，
突然被一隻鏟子切成兩半了。
我想念我扭動的尾巴，它會死掉，
但至少我可以長一條新的出來。
不過，我還是不太可能打破史上
最長蚯蚓的世界紀錄，61公分，
很驚人吧！

糞金龜

很高興認識你！我是一隻公糞金龜，而我正在忙著……

忙著……跟著屎滾。我替自己滾了一大球。

唔，其實這一球是屬於我跟我的伴侶的。這是純正的大象便便。我們某些糞金龜可以把大球滾到自身體重的50倍。

推！踹！猛推！

— 這趟車程很好玩

我們就是愛便便。我們在便便中生活、呼吸，而事實上呢，這是我們唯一的食物。

嚼嚼嚼 嚼嚼嚼 嚼嚼嚼

— 這一個很美味

不過我們得小心，別讓人偷走我們珍藏的……

閃開！

你很粗魯

可悲的是，某些糞金龜就是那麼沒禮貌。

不管有什麼阻礙，我們都會沿著直線推這個老糞球。我們是唯一利用太陽、月亮跟銀河來導航的無脊椎動物*。

聰明

最後，我們會挖出一個洞，再把糞球埋進去。

我的伴侶在挖洞前會先把卵產在糞球裡，等寶寶們孵化出來，就可以直接吃糞球啦！

— 牠們真讓我驕傲！

我們的工作名符其實是一坨屎，不過至少古埃及人認為我們很神聖。

我挺能適應的！

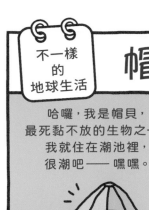

帽貝

哈囉，我是帽貝，
最死黏不放的生物之一。
我就住在潮池裡，
很潮吧——嘿嘿。

我沒辦法讓你看到
我的臉，因為…
我其實沒有臉！

驚！

其他軟體動物*，像是蝸牛
跟蛞蝓就有臉，但我沒有。

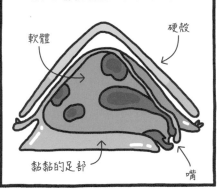

軟體

硬殼

黏黏的足部

嘴

我緊緊黏在岩石上直到
潮水湧入，才不至於乾枯。

快來了

快一點

一旦泡入海水，我就可以
運用肌肉健壯的足部
去尋找食物了。

啾！

我以岩石上刮下來的海藻
為食，在移動時會留下一道
黏液足跡。

噁心

嚼嚼

我的舌頭上有超過100排用極小纖維構成的
細小牙齒。這些纖維是由一種鐵基礦物質「針鐵礦」
組成的。這是已知最強韌的生物原料。

來抓你囉……

你慢慢來

可怕的是，某些動物，
像是海星，覺得我們是美食。
現在我該躲到殼底下了。

好吃！

某些帽貝可以從公變母。
科學家認為，當群體中缺乏
雌性時，就會發生這種事。

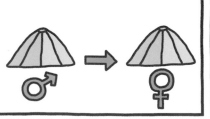

在退潮之前，我們會沿著
自己的黏液足跡回到
一開始的位置。

正好趕上

所以，我跟鄰居們
也處得不錯。

那是牠
以為的！

＊軟體動物是一種有柔軟身體的無脊椎動物，有時候有硬殼。

水母

我的英文名字是
jellyfish，對吧？

搏動　　　游動

錯啦！

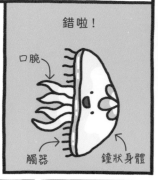

口腕

觸器　　鐘狀身體

科學家現在偏愛叫我sea jelly，
因為我們不是魚。
像我這樣的海月水母會出現在
世界各地的海洋裡，
而且可以長到直徑40公分大。

就我個人來說，我不介意別人
怎麼叫我，也不介意哪一面朝上⋯

那才不是魚！

但話說回來，
我沒大腦，也沒心沒肺。

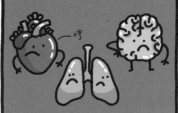

哼

我游泳是靠著收縮我的
肌肉，把水帶進我的
鐘狀身體，然後再把
水推出去——
某種形式的噴射推進！

耶！

我其實有95%都是水，
大致上就跟小黃瓜一樣。

蛤？

微小的海洋生物會黏在我鐘狀身體的黏膜上，
然後，就成了我的食物啦。

救救我們！

我也有一圈刺刺的觸手，
叫做刺絲胞，
會放出充滿毒液的迷你魚叉。

發生
什麼事？

然後你猜怎樣——
我的吃喝拉撒都用
同一個洞喔。想像一下！

進／出

再想想，
還是不要好了。

母湯喔

致命的水母

被海月水母的觸器碰到，
可能讓人類覺得微微刺痛，
不過某些水母可是相當危險。

海黃蜂
（澳大利亞箱形水母）

這種箱形水母有長達
2公尺的觸器。
一隻海黃蜂就有足夠
殺死60人的毒液。

獅鬃水母

這是已知最大的水母，
鐘狀身體超過2公尺寬，
觸器有超過37公尺長。
牠即使死後也還能螫人。

咿！

伊魯康吉水母

這種水母只有1公分寬，但卻有1公尺長的觸器，
毒素據說比眼鏡蛇還更毒100倍。

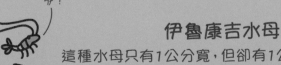

不一樣
的
地球生活

海葵

大家好！我是海葵。
你正好趕上我最忙的時刻
——今天是搬家日。

說到搬家…

…我真正

的意思
是…

…移動！

移動的原因是：
我黏在一隻寄居蟹的殼上。

觸手

基盤

嗨！你們好！

牠不只是沿著海床趕路，
還要搬進一個比較大的峨螺殼裡。

出售

你介意我在換裝時
保有一點隱私嗎？
謝謝你。

關
燈

問題是，我被拋下了。

唉呀

我對牠的用處可大了，
因為我的觸手有螫人的細胞，
會趕走掠食者。

就跟水母有的
那種魚叉狀細胞
是一樣的*。

呀

而牠也幫了我不少，
因為牠的用餐習慣不怎麼好，
我可以享受牠所有的剩菜。

你怎麼
這樣講？

唉呀！
抱歉。

噗通！

呀呼，牠也把我帶著
走了。看起來我們真的
需要彼此。這真是個
「動人」的故事啊。

噢

＊參見54頁的水母。

更多海葵

海葵是單純的海洋動物。
大多數海葵黏在世界各地的海洋岩石上過活,
通常跟其他生物體有關聯。

等指海葵

這種亮紅色的海葵在歐洲各地的潮池裡很常見。
牠在低潮時會封閉起來,免得乾掉;
水位在高潮時,觸手會再度冒出來覓食。

捕蠅草海葵

海葵看起來就像
同名的植物。
牠也能收合觸手
來捕捉獵物。

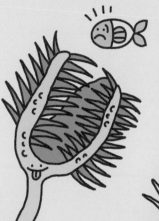

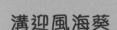

溝迎風海葵

就像希臘神話裡的
怪物美杜莎,
這種海葵的觸手看起來
像扭動的蛇。

公主海葵

這種海葵可以殺死並吃掉小魚,
不過有一種魚能躲在牠的觸手裡得到庇護,
就是小丑魚。

57

不一樣的地球生活

鮟鱇魚

海面下800公尺深，
發現一個看起來
凶惡不祥的形體。

下面這裡很暗吧？
我會開一盞燈。

荷啊啊

哈哈！嚇到你了嗎？
我希望有。

我是一隻深海的雌鮟鱇魚，
而且，我挺嚇人的喔。

相當亮

再靠近點吧，
小蝦蝦。

我愛吃的
東西無法抗拒我
誘人的明亮燈光，
這是一種
特殊發光器官，
叫做餌球。

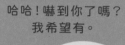

它看起來有點像是釣竿，所以我的
英文名字是垂釣魚（anglerfish）。
我用餌球來抓各式
各樣的東西，像是…

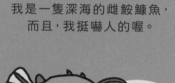

蝦

小魚

海螺

而我嘴裡彎彎的獠牙表示獵物
永遠逃不了。

放我
出去

所以，如果
你不介意，
我要關燈
去享受我的
大餐了。

喔不！

掰！

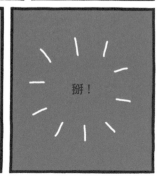

很奇怪的魚

你覺得我看起來很嚇人嗎？
再來看看我的深海魚同胞吧！
我們大多待在海底，
而且很多才剛被科學家們發現。
好在，這裡很暗。

真眼睛

假眼睛

後肛魚

這種魚有顆透明的頭，
所以可以直接往上看。

巨口魚

巨口魚有發亮的誘餌跟身體斑塊，
可以進行一種叫做
生物發光的化學歷程。

長吻銀鮫

這種銀鮫的「鼻子」或者
「吻部」充滿了感覺神經末梢，
可以用來找尋獵物。

快來我的
肚子裡玩吧

黑叉齒龍鰧

這個怪物可以囫圇吞下
有牠2倍長的魚。

囊鰓鰻

在某些標本裡，
這種魚的嘴可以長到跟身體一樣長。
牠的尾巴尖端會發亮，
以便吸引獵物。

大王酸漿魷

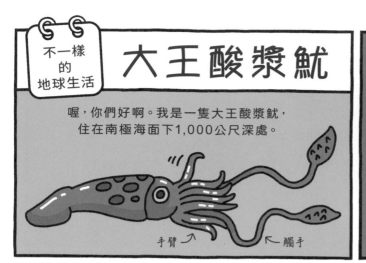

喔,你們好啊。我是一隻大王酸漿魷,
住在南極海面下1,000公尺深處。

手臂→　　　←觸手

「大王」可不是隨便叫的。
我至少跟一輛倫敦巴士一樣長,
而且也是紅色。
但在黑暗中,顏色倒不是重點。

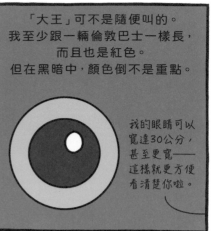

我的眼睛可以
寬達30公分,
甚至更寬——
這樣就更方便
看清楚你啦。

跟巨烏賊並列,我是現存
最長也最重的管魷目動物之一。

呸!我隨時
都可以打敗你啦!

大多數的日子,我都在獵捕
跟我同住在下面這片黑暗中的魚類。

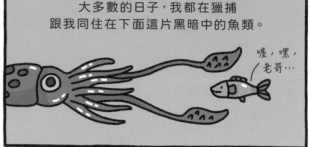

喔,嘿,
老哥…

當我舉起手臂跟觸手時,
就是準備出擊的時候了。

…我只是想要
好好游個泳

我從我的兩隻巨眼裡
發出光線來震懾獵物。

蛤??

然後我用帶著鉤子的手臂,
以及有刺又有吸盤的觸手
一把抓住獵物。

我以為
我們是朋友

儘管我的身體巨大無比,
我的食道*卻只有
一公分寬。
我必須咀嚼很久
才能吞下去。

實際大小

而且我還得小心
避免自己被抹香鯨吃掉。

有美食!

閃人了,掰

＊食道把食物從喉嚨送進胃裡。

「魷」其大的特寫

我們大王酸漿魷是「軟體動物」，
所以也是蝸牛跟蛞蝓的親戚。
因為我們在冰冷黑暗的水下深處過活，
人類對我們所知的一切，
都來自被漁夫帶上來、被科學家研究的少數樣本。

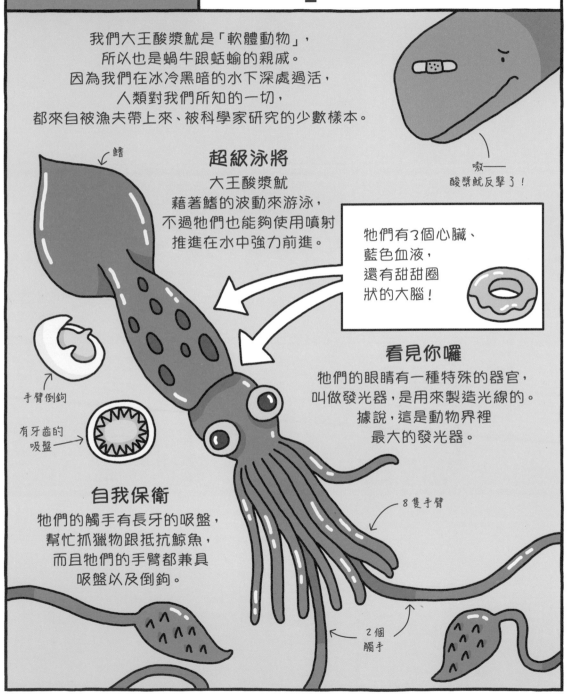

嗷——
酸漿魷反擊了！

鰭

超級泳將
大王酸漿魷
藉著鰭的波動來游泳，
不過牠們也能夠使用噴射
推進在水中強力前進。

牠們有3個心臟、
藍色血液，
還有甜甜圈
狀的大腦！

看見你囉
牠們的眼睛有一種特殊的器官，
叫做發光器，是用來製造光線的。
據說，這是動物界裡
最大的發光器。

手臂倒鉤

有牙齒的
吸盤

自我保衛
牠們的觸手有長牙的吸盤，
幫忙抓獵物跟抵抗鯨魚，
而且牠們的手臂都兼具
吸盤以及倒鉤。

8隻手臂

2個
觸手

藍鯨

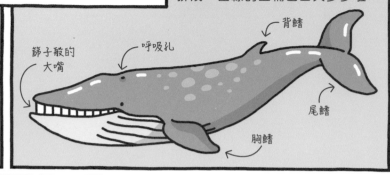

我是28公尺長的藍鯨,你當然可以把我塞進來。說真的,我沒有比排成一直線的三輛巴士大多少啦。

背鰭

呼吸孔

篩子般的大嘴

尾鰭

胸鰭

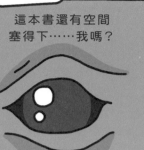

這本書還有空間塞得下……我嗎?

跟其他藍鯨比,我算是小隻的。我們之中某些個體可以長到34公尺長。

我們藍鯨是在地球上有史以來最大的動物。你可能不知道,我的重量大約有20隻暴龍重。

先不管這些好了!

我的食物就只有那些極小的零嘴,叫做磷蝦。

← 8-20公釐長 →

所以我一天得要吃掉大約4,000萬隻磷蝦。

好吃!

牠們是相當好吃的食物,卻讓我的便便變成亮橙色,變成巨大便便「雲」在海洋裡到處漂浮。唉呀!

對那些可憐的磷蝦來說,被吃掉確實有點遺憾,不過鯨魚總得吃飽啊……

…順便一提,藍鯨的心臟跟一輛小型車差不多大。

轟轟轟轟

鴨嘴獸

這是隻鳥嗎？

像鴨子的鳥喙

殼像皮革的蛋

這是一隻水獺嗎？
或是一隻海狸？

棕色的毛皮

大尾巴

不！
這是一隻很不簡單的鴨嘴獸，
來自牠原生的澳洲。

馬上來！

有蹼的腳

歡迎來到我的河畔之家…
抱歉，
我剛才出去打獵了。

我是半水生哺乳動物，
所以會花很多時間
在河床上獵取食物。

咿！

我的嘴可以偵測到
我獵物肌肉上的電力。

怎麼可能！

講到我的鳥喙，
我知道它看起來有點怪。

哈囉，鴨臉

你照照鏡子吧，
老兄

但我是一種古怪的生物。
舉例來說，我有毒，
這對哺乳動物來說很不尋常。

離我
遠一點！

如果你被公鴨嘴獸有帶
毒性的腳部尖刺戳到，
可能會非常痛。

腳刺

最奇怪的事情
莫過於雌獸會下蛋，
因為大多數哺乳動物
是生出小寶寶。

我很
特別吧！

事實上，鴨嘴獸看起來
太怪了，以至於科學家本來
以為牠們就是一場騙局。

這是騙人的！

但我們不是
騙局！
我們是真的，
就這樣。

我相信你

豪豬

嗨,我是豪豬,在加拿大的一棵樹上過活。

我的英文名字意思是「刺刺豬」或者「棘刺豬」。

呲嗒!

但我不是豬,我是齧齒動物。不過我肯定是刺刺的,而且有很多棘刺。實際上,我有大約三萬根刺,這些刺可以高高舉起,或者在我身上攤平。

上…

…然後下

在某些豪豬身上,這些棘刺會長達50公分。

除了尖銳的末端,整根棘刺是用「角蛋白」構成的。

我用它們來自保,對抗像是狼還有美洲獅這樣的掠食者,要不是往後猛撞上牠們,就是用我的尾巴打牠們。

反向衝鋒美洲獅防守姿勢

咿!

棘刺可能脫離然後卡在其他動物身上,而且其實相當難拔。

人類以前認為豪豬可以把刺射出來,但這是天大的誤會啊。可惜,不然我射飛鏢的表現可能會很棒。

正中紅心!

不過我們有個地方挺酷的…

我們的棘刺上面包著一層天然抗生素*。我們是唯一已知有這種特色的哺乳動物。

叫我「醫生」

這是為了避免我們從樹上摔下來,結果戳到自己的皮膚而導致感染。

噢!

但那種可能性有多高啊?

不啊啊啊啊啊!

* 抗生素是一種摧毀細菌的藥。

穿山甲

看看我的爪子，很讚吧！我是住在西非的穿山甲。

再看看我的鱗片！我可是唯一全身被鱗片覆蓋的哺乳動物。

像我這樣的穿山甲就只有八種，四種在非洲，四種在亞洲。

你知道我能用兩條腿站著嗎？

← 1公尺 →

當我受到驚嚇的時候…

那是啥？

…我就捲成一球。

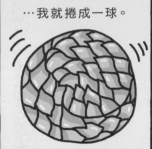

事實上，我就是這樣得名。在馬來語裡面，pangolin的意思是「捲起來」。

可以出來了嗎？

我可能看起來像個戰士，有堅韌的盔甲，但我其實內向害羞又沒長牙。不過你應該看看我的舌頭，跟我的身體一樣長呢。

我非看不可嗎？

只有螞蟻跟白蟻需要怕我。我可以一晚吃掉四萬隻，偶爾配上石頭，讓石頭在肚子裡幫忙碾碎牠們。

慘啦！

我的鱗片是用「角蛋白」做成的，就跟你的指甲和犀牛角是一樣的。

悲哀的是，有些人類非法大量殺害我們穿山甲，因為他們相信我們的鱗片可以做成藥。

我懂你的感覺，夥伴

但真相是，我們根本什麼都治不了。

現在，我們瀕臨滅絕、極度危險，所以請你們手下留情，要不然我們就會徹底消失了。

救救穿山甲！

雙峰駱駝
的祕密日記

艾索爾

這段摘錄來自艾索爾的日記，
牠是一隻住在亞洲蒙古
烏蘭巴托的駱駝。

星期一

聽到這個消息真令人受不了。
我又再度聽到一個人類說：
駱駝把水儲存在駝峰裡。
不！才不是。我們的駝峰是大坨的油脂，
我會讓你知道。我們燃燒那個油脂，
製造出身體用來活過沙漠乾旱的水。

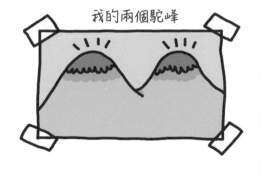

我的兩個駝峰

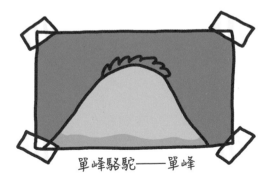

單峰駱駝——單峰

星期二

真是每況愈下。
另一個人類叫我「單峰駱駝」，
這可是侮辱啊！
我是有兩個駝峰的**雙峰駱駝**。
單峰駱駝只有一個駝峰
——可憐的傢伙。

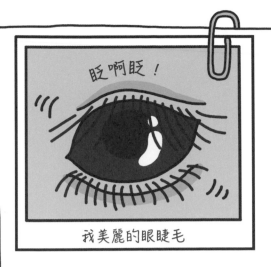
眨啊眨！

我美麗的眼睫毛

星期三
今天我得知只有6%的駱駝是雙峰駱駝。
其他94%都是單峰駱駝。哈！
所以我總覺得自己非常特別
（而且也非常漂亮，我有超長的睫毛可以
把沙子擋在眼睛之外）。

水坑

星期四
在本地的水坑裡喝一杯 —— 唔，
從我需要喝水以來，已經過了10天了。
某些來自戈壁沙漠的
野生雙峰駱駝也在那裡。
牠們是地球上僅存的最後一批
真正野生駱駝（只有1,400隻），
而且是唯一可以喝鹽水生存的哺乳動物。
鹽水！噁！
牠們喝就好了，我可不要。

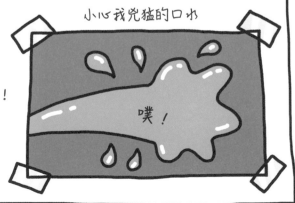
小心我兇猛的口水

噗！

星期五
吼！我又聽到另一個人類說
我的駝峰裡裝著水。那是脂肪！
老實說，這很值得讓我對他們吐口水了！
所以我也真的這麼做了！
我們駱駝真正火大的時候，
就會這樣做。

樹懶

嗨，我是世界上動作最～慢～的動物。我移動的最高速度大約每分鐘四公尺。

幾乎跟我一樣慢！

我掛在南美洲跟中美洲的樹上。

我說掛，就是真的掛。

我花一晚上頭上腳下吃樹葉…吃得非常慢。

有人需要速食嗎？

接著，我會再花一整個白天，頭上腳下消化樹葉。

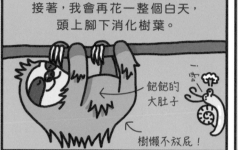

飽飽的大肚子

樹懶不放屁！

光是一片葉子，我就可以用一個月來消化。

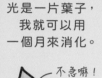

不急嘛！

然後一星期有那麼一次，我會做點不一樣的事。就是爬到樹下，然後……

拉一坨超大便便！足足有我的三分之一體重。

3公斤的便便

就像是你拉出一坨跟小狗一樣大的便便。

嗨大家好！

我從來不覺得寂寞，因為我的毛皮裡充滿了蜱、跳蚤、蟎、蛾、菌類跟藻類。

所以，我現在要下去了。

掰

一小時後……

快點啊！怎麼還在這裡！

牛羚

幸會，我是牛羚。
歡迎來到我們的大遷徙。

旅行中的牛羚

我以為我們叫角馬（wildebeest）？

這樣叫也對！

我們是一種有二個名字與三項重要特徵的羚羊。

1. 像馬的尾巴與鬃毛
2. 像小牛的角
3. 一張長臉

每年有超過100萬隻牛羚長征穿越非洲的坦尚尼亞跟肯亞，尋找新鮮美味的草。我們的獸群包括許多一起走的其他四條腿夥伴。

斑馬

瞪羚

大家小心！

悲哀的是，我們的某些四條腿敵人也跟來了。

好吃

過河可能很麻煩…

小心那些鱷魚啊，德魯

德魯？

甚至連牛羚寶寶都要跟著遷徙。牠們在出生後幾分鐘內就能走路了。

等等我，媽咪

不管去到哪裡，我們總是留下很多便便…

草進來

便便出去

……這也讓其他生物非常高興。

我們是百萬富翁啦！

無尾熊

大家好，我是一隻相當不尋常的澳洲無尾熊。

到底是哪裡不尋常？

答案就是：我醒著！

老是這麼可愛，很累人的。

毛茸茸軟綿綿的耳朵

大鈕扣鼻子

惹人憐愛的表情

實際上，我必須花很多時間睡覺的理由，是因為我最愛的桉樹葉並不怎麼營養，所以需要用睡覺來節約能源。

我一天花18到22個小時在樹叢間打瞌睡。

ZZZ

而且桉樹葉有毒。

那我為什麼還吃它們？

我有一種特殊消化器官，叫做盲腸，幫助我去掉所有那些壞毒素。

得意洋洋

然後我製造出聞起來像咳嗽藥水的便便，甚至睡覺時也在製造。

一天會大360個！

在你發問以前我先說，不，我不是熊，我是有袋目動物。

噢

有袋目動物是在特殊囊袋裡養大寶寶的哺乳動物。你肯定不會看到有熊做這件事，所以任何叫我「熊」的人，都錯得離譜。

好舒服

別擔心——又到了睡覺的時候。

地球生活筆記

巨型有袋動物

在澳洲跟南北美洲
有超過300種現存的有袋目動物，
不過無尾熊還是最可愛的，對吧？

吼吼

負鼠
這種緊張兮兮的生物
被攻擊的時候，
會拉得自己一身屎、
裝死跟昏迷。

袋獾
這是世界上最大的
肉食有袋動物。
牠的下顎強壯到可以咬穿金屬。

金伯利寬足袋鼩
最小的已知有袋動物之一。
牠看起來像是有條
胖大尾巴的老鼠。

紅袋鼠
世界上最大的
草食有袋動物。
站起來高達2公尺，
而且可以一跳
就跳9公尺。

袋熊
體長1公尺，
是世界上最大的掘穴動物，
也是唯一拉出
立方體大便的動物。

臭鼬

我是條紋臭鼬。
你可以在加拿大南部、美國跟墨西哥北部找到我。

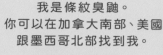

不過我寧願你別找到我。其實，如果你不把這一頁翻過去，我會假定你是個威脅，然後蓬起我的尾巴，當成第一道防線。

然後我會頓足怒吼。

嚇死你！
吼吼！
嘶嘶！
嚎叫！

嗯，這樣做似乎沒有用。

正常狀況下，我的V字形黑白條紋就足夠警告其他生物避開了。

識相點

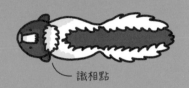

但你還在那裡，所以我必須嘗試別招。

你知道嗎，我的屁屁旁邊有特殊腺體！

香腺

何不靠近一點看？別害羞…

噴！

逮到你啦！我可以把我的氣味發射到五公尺遠，你從遠處就能聞到，而且很難洗掉。

哇哈哈哈哈

抱歉啦，我試著警告過你了。這裡的味道有點恐怖，所以我現在要出去吃點昆蟲啦！

掰！

貓熊

事情是這樣的，我吃得**很多**，
一天可以花上14小時
大吃特吃。

你好！我是
來自中國的母貓熊。

請原諒我
滿嘴食物還講話。

嚼嚼
嚼嚼

不過我的菜單沒什麼變化，
甚至不是很有營養。

菜單
竹子 竹子
竹子 竹子
竹子 竹子
竹子 竹子
竹子 竹子

竹子 竹子
竹子 竹子
竹子 竹子
竹子 竹子
竹子 竹子

竹子**變得**非常無趣。

呸！

不吃飯的時候，
我最愛的活動
就是睡覺了。

然後，我又準備好要吃了。
我有個增大的特別腕骨，
又被稱為增生
拇指。能幫助我
抓住食物。

沒在吃飯或睡覺的時候，我一天拉50次屎。
大部分都是未消化的竹子，所以聞起來不會太臭。

可悲的是，貓熊過著
孤獨的生活。

除了母親在看顧寶寶的
時候，我們大多數
都獨自生活。

雌性跟雄性
一年只在一起
二、三天。

所以……
以後見？

掰

啄木鳥

哈囉！我是大斑啄木鳥，出現在歐洲、北美洲跟亞洲部分地區。讓我講個笑話給你聽⋯

敲！敲！
敲！敲！
敲！敲！
敲！敲！
敲！敲！

誰——誰在那裡？

我——哈哈！我總是在樹上鑽洞，找出昆蟲跟其他美食。

剎剎
剎剎

驕傲！

如果鑽孔是奧運比賽項目，我鐵定能贏得金牌、銀牌跟銅牌。

當我在「啄」的時候，我的鳥喙承受的是比重力強1,500倍的力量。

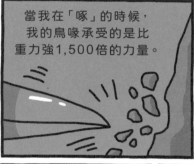

而且在我的一生中，我會啄超過5,000萬次木頭卻不會受傷。

很令人佩服齁？

這是因為我腦袋裡有一種特殊的骨骼構造，還有一種海綿般有彈性的骨頭，幫忙吸收震動。我的頭骨也緊緊密合在我的大腦旁邊，以便保護大腦。

吸收震動的骨頭

更長的上鳥喙

舌頭

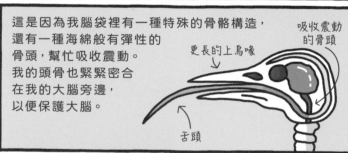

不過，這樣鑽鑽鑽真的讓我的大腦很熱，所以我必須定期停下來冷卻。

水！！！

我們這項超強的技巧，意味著我們還可以在樹幹裡面築巢。

我們也用敲擊聲傳遞訊息給其他啄木鳥。

剎剎剎
剎剎剎
剎剎

那是什麼？

我想我可能是有點頭痛。

小意思！

紅鶴

嗨，我是紅鶴，來自加勒比海。我啊，看待人生的角度有點奇怪……

是上下顛倒的！

至少在我進食的時候是這樣。

細長的脖子

細長的腿

腳踝──不是我的膝蓋

我透過驚人的彎鳥喙「濾食」。嘴裡特殊的毛髮跟長滿硬毛的舌頭就像篩子。

能把我吃的豐年蝦跟藍綠藻卡在毛髮裡，也正是牠們把我的羽毛染成粉紅色。

要是沒有牠們，我的羽毛會比較接近灰白色。

遜

我住在一個擁有上千隻鳥兒的群落裡。

嘿！夥伴

但我們整天在做的事情，大半就是站在那裡……

而且常常只靠著一隻腳。

許久以來，關於我們為何這麼做一直是個謎。

想要線索嗎？

現在大家都相信，當我們打瞌睡時用單腳站立是為了幫助平衡。

啊哈

不過……沒有人百分之百確定。

啊！

鷸鴕

哈囉，我是鷸鴕，又叫奇異鳥。

我是一種夜行性*鳥類，而且是紐西蘭原生動物。

我的名字來自毛利語，指的是公鷸鴕能發出的尖銳叫聲。

毛髮似的羽毛

小眼睛

長鳥喙　強壯的短腿

雖然我是鳥，但其實我不會飛。我小小的粉紅色翅膀藏在羽毛裡，完全沒有用！

我找食物的方式是在夜間走遍森林，用鳥喙到處戳，尋找蛆跟蟲子。

亂聞什麼！

鷸鴕是唯一一種鼻孔長在鳥喙尖端的鳥類。這對我在嗅聞找食物時很有幫助。

而我們自己也很有味道，那味道……有點偏向霉味。

把歉

還好其他鷸鴕很愛這一味。而且我們一配對就是一輩子。

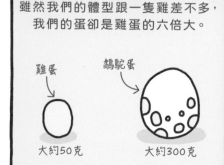

雖然我們的體型跟一隻雞差不多，我們的蛋卻是雞蛋的六倍大。

雞蛋

鷸鴕蛋

大約50克　　大約300克

這重量幾乎是一隻鷸鴕體重的20%。生蛋肯定挺費力。

確實是！

好啦，我現在得飛去……

哎呀！我忘了，我不能飛呢。掰。

*夜行性的意思是牠只在晚上出來。

不會飛的鳥

鷸鴕並不是唯一不能飛的鳥類。
不會飛的鳥類之中，
現存的大約有60種，
其他的都不幸滅絕了。

巴布亞企鵝

如果每小時可以
游泳36公里，
誰還需要飛啊？

多多鳥

這些生物過去生活在
模里西斯島上，
但牠們早在
350年前就滅絕了，
因為到訪的歐洲水手
把前所未見的掠食者，
像是老鼠跟貓，
帶到牠們的島國家園裡。

非洲鴕鳥

牠有著2-3公尺長的尾巴，
是現存體型最大的鳥類。
牠可以跑出
70公里的時速。

鶴鴕

這種鳥有致命的爪子，
如果受到挑釁，
可是會用爪子
來攻擊人類。

吸血蝙蝠

的祕密日記

這段摘錄
是出自貝拉的日記，
一隻來自巴西的吸血蝙蝠。

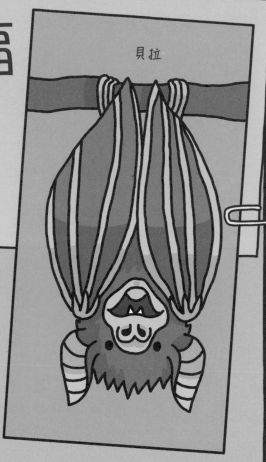

貝拉

星期一晚上

還是星期二早晨？
半夜實在很難搞清楚時間。
我花了一整天倒掛在
還有100隻蝙蝠的洞穴裡。
你應該覺得我會腦充血吧。
話說回來，現在天色真的很黑，
好像該替我的胃補充點血液了。

噓！不要醒來啊

星期二早晨

我昨晚從一隻睡著的馬身上
享用了一頓美食。
我是透過牠身體散發的熱，
還有呼吸聲找到牠的。
我在附近落地，在地上跳動
（我的特技之一），然後跳到牠背上，
把我的尖牙戳進去。
牠甚至沒有醒來——
一定是夢見自己在田野上玩樂吧。

星期三

從我上回大吃一頓以後，
現在還是相當飽，
我只需要30分鐘就能喝掉好多血，
幾乎是我體重的2倍。
在我咬住某樣東西的時候，
我唾液裡的特殊蛋白質
會讓血液保持順暢流動。

啊嗯啊嗯啊嗯

星期四

我的朋友薇瑪過來拜訪。牠很餓，
所以我做了任何好主人都會做的事，
嘔出我胃裡的某些東西到牠嘴裡。
分享真是美好，而且像這樣的好事
能幫助凝聚整個「聚落」
——我們的團體。
你會對你的朋友們這麼慷慨嗎？

星期五

今晚，我嘗試換個菜單。
通常，我們都會找馬（就像我說過的），
還有母牛跟豬，
不過我們偶爾會咬睡著的人。
幫我們一個忙，讓你的窗戶開著吧。
我保證一點都不會痛，
而且分享很美好啊，對吧？

讓我進去！

科摩多龍

我是科摩多龍，世界上現存最大的蜥蜴。我能長到三公尺長，重達90公斤。我們只生活在印尼的五個島嶼上。

你相信有龍嗎？你應該相信的——因為，我就是，而且我相當嚇人。

厚而有鱗片的皮膚

強勁的尾巴

利爪

我可以用長長的舌頭偵測到遠處的食物，不管牠是死是活。

我已經知道你的味道如何了

我用嘴裡的毒液殺死獵物。

吼吼

而我的下顎伸展靈活到可以直接吞下一頭豬。

吃了你！

喔咿！

我也以會挖人類墳墓飽餐一頓而聞名。

賞味期限 2020

有時候，科摩多龍甚至會吃掉自己的孩子。

壞爸媽！

在大型獵物旁邊，年輕的科摩多龍會在便便裡打滾，以便制止像我這樣的大龍靠得太近，把獵物偷走。

一餐可能重達我體重的80%。

他們應該做一個有我80%體重的漢堡！

而我會嘔出一種「胃球」，裡面滿是我消化不了的角、牙、毛髮跟蹄。

噁

所以，雖然我不會噴火，但我真的很嚇人吧！

隨時歡迎過來說聲「哈囉」！

地球與科學

劃時代！驚天動地！世間絕無僅有！
這一節都是這種東西，此外還有更多。

植物與星球，雪花與衛星，樹木與龍捲風
——這是一條火熱的事實之河，等著要爆發，
就像你會在這一節裡看到的火山一樣。

而且還有令人震驚的閃電、暴躁的捕蠅草、
討厭的細菌還有美麗的彩虹，
讓最陰沉的日子都為之一亮。

虎杖

我們是一棵
虎杖的莖幹，
是一種散播
迅速的植物，
名聲不是太好。

喔耶

人類不喜歡我們，
是因為我們實在太壯太強了。

舉！

我們令人訝異的「地下莖」可以跑很遠，
地下莖就是在地下往水平方向生長的莖幹。
生根並且往上長出能穿透水泥的芽。

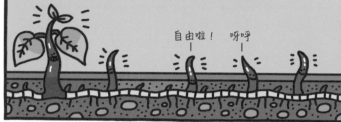

自由啦！　呀呼

如果你剪斷我們
其中一個……

另一個就會
從別地方
冒出來。

所以，我們不是受歡迎的植物。

你是雜草！

人類想殺死我們，還用
很強力的化學除草劑…

但都沒有用。

你得更努力
嘗試啊，
魯蛇！

我們的原生地是日本、韓國、
中國跟東亞，在這些地方，
有些昆蟲跟菌類
會阻止我們長得太快。
不過，當我們
一拓展到全世界，
狀況就開始混亂了，
柏油路破裂、阻塞下水道，
我們成了超級大麻煩。

我好怕！

在你發現以前，
這世界是我們說了算！

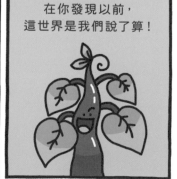

地球生活筆記

植物的力量

糟糕!

虎杖有很多英文別名,
包括羊毛花 (fleece flower)、
驢大黃 (donkey rhubard)
跟德國香腸樹
(German sausage plant)。
不過,不管它叫什麼名字,都
一樣惱人,幾乎無法擺脫。

不要上當
雖然葉子是心形的,
不過沒有人愛這種植物。

防火
野火燒不盡,
春風吹又生。

長超快的莖
如果天氣很炎熱,
虎杖可以在春天以每天
10公分的速度成長,
並達到3公尺高,
幾乎是成年人類
平均身高的2倍。

擋也擋不住
這裡又冒出另一個!

嗯!

我是
令人聞風喪膽的
綠色生長機器!

來自地底的危機
虎杖的根系可以生長到7公尺寬、3公尺深,
只要小小的1公分片段,
就可以製造出一整棵新的植物。

83

捕蠅草

咱們速戰速決吧。
我來自於美國
北卡羅萊納州的一個沼澤。

我是一種吃蒼蠅跟
昆蟲的肉食性植物。

呸!
門都沒有

不管那隻蠢蒼蠅信不信,
這都是真話。看看我的樣子吧!

嗡嗡嗡

陷阱

捕蟲葉

刺毛

葉片

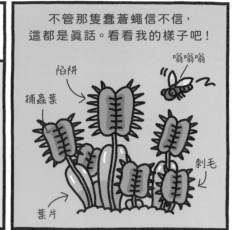

昆蟲熱愛我在「陷阱」
(葉柄末端的特殊葉子)裡
製造的這種甜花蜜。

嗯~美味

ㄅㄨㄞ

好吃
好吃

感覺毛

牠們急著吃飯,
撞到我捕蟲葉
上面的「感覺毛」。

碰到一根毛以後,
猜猜會發生什麼事……

什~什~什麼?

……沒事!

呼!

但如果在20秒內
碰到第二根毛……

哎呀

啪!

我的陷阱兩邊
就會在不到
半秒的時間裡
猛然合上,
把未來的晚餐
困在裡面。

必須觸碰兩根而不只是
一根感覺毛,意味著
假警報的機率比較低。

你現在
才說?

一旦蟲子被困住,我就會
製造出一種液體來消化
這頓大餐。可能要花上
好幾天才能分解牠。

你知道嗎,我能
聽到你說的話

當一個陷阱享用過三、四隻
昆蟲後,就會掉下來枯掉。
幸運的是,原來的地方
還長了更多陷阱。

我活該。
之前的
日子
太愉快。

* 一種植物藉此繁衍後代的過程，通常是利用昆蟲。

樹

喔哈囉！我是一棵……嗯……

一棵針毬松。

喔對，當然啦，我忘了。

呃，你超過3,000歲了嘛。

但你有可能更老。有一棵針毬松幾乎5,000歲了！比西元前2575年到2465年之間建造的埃及吉薩金字塔群還要老。

真的很老欸！

嗯哼

哇？那你是誰啊？

一隻北美星鴉。我們是朋友。

我吃你那些「針」末端的毬果上掉下來的松子。我還能夠在舌頭下面儲存超過100顆松子。

然後我可以把我沒吃的種子藏到30公里外，散布在整個美國西南部。

到了冬天，我依然會記得那些松子藏在哪裡，然後飽餐一頓！

好擠

而沒被我吃掉的松子就會長成新的樹。

多謝啦，朋友！

等等，我又忘了你是誰？

唉。

認識樹芯

不管年紀有多大,所有的樹都很特別:
捕捉二氧化碳、釋出氧氣,幫助調節我們這個星球的溫度。
你可以從樹木內部的年輪裡看出很多事情,就像下面這個剖面。
每個年輪都代表這棵樹在某一段生長期增長的木頭。

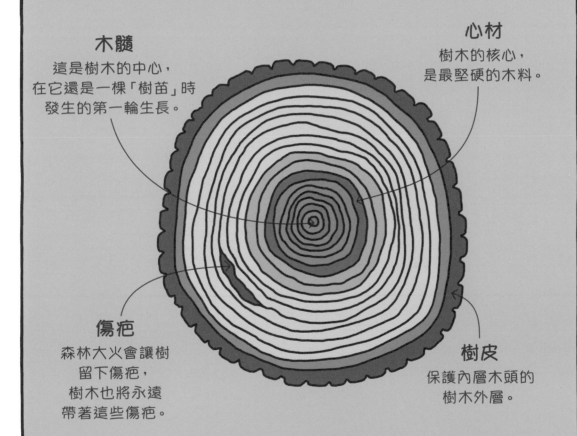

木髓
這是樹木的中心,
在它還是一棵「樹苗」時
發生的第一輪生長。

心材
樹木的核心,
是最堅硬的木料。

傷疤
森林大火會讓樹
留下傷疤,
樹木也將永遠
帶著這些傷疤。

樹皮
保護內層木頭的
樹木外層。

不同的樹會以不同的速率生長,
不過,年輪會為樹的年紀提供一些線索,
還會暗示樹木在什麼樣的氣候下生長,
例如比較寬的年輪,代表生長條件較好的時候。

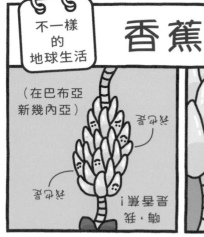

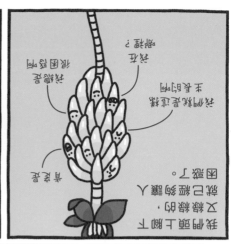

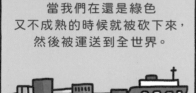

＊草本植物有比較綠的莖，而不是木質的樹幹。

不一樣
的
地球生活

椰子

你曾為椰子瘋狂嗎？
讓我跟你稍微談談我自己，
還有我的生活。

大約五、六年前，
一個像我這樣的核果
從地面抽芽。

核果長成一棵25公尺高的樹，
還有六公尺長的樹葉。
在亞洲熱帶地區，像是菲律賓、
印度還有印尼，都是我們生長的
完美地點。

嗯嗯嗯！陽光！

在五、六年後，光滑的
綠色水果成形了。

不是像我這樣毛毛又
凹凸不平的棕色傢伙。

它們要花上一年
才能完全長好
並且成熟。

好～無～聊

在準備好以後，
這些水果變成棕色，
開始從樹上掉下來。

呼！
這個好玩

你知道嗎，掉落的椰子危險得讓人難以置信。
重達一到四公斤的綠色椰子，殺死的人比鯊魚更多。

嗷

我是在一顆像那樣的
水果裡面。

舒服

某些人喝我們
體內的水。

有時候我們
被加進食物裡。

不過我卻在一個
遊樂場裡被球砸。

不公平啦

不一樣 的 地球生活

菌蕈

我是一棵毒蠅傘寶寶，住在一個松樹林的林床上。

疣點　菌膜

不過我當小寶寶的時間不會太久。你看，我已經在長大了。

你稱為傘菌或者蕈類的東西，是一個住在土壤裡的「菌類」的「子實體」。下面有更多的我，被稱為菌絲。

菌類是不同於動植物的有機體。我們分解吸收我們生長物體上的有機物質，從中取得營養。我們在真菌界裡有很多種型態，有大有小：

蕈類　　青色黴菌　　白色黴菌　　黑穗病菌　　病菌　　酵母菌

隨著成長，我白色的「疣」會散布開來，顯露出下面屬於我的紅色「傘帽」。

疣點

傘帽

在我完全長成時，傘帽會變得平坦。我可以長到20-30公分高。

耶！辦到了！

你會在傘帽下發現菌褶，我就是在這裡製造孢子的。

孢子是將來要長成新菌的小細胞，會從我的菌褶裡釋出，然後隨風飄送。

呀呼！

一旦創造出孢子，我的工作便完成了，接著我會逐漸爛掉。

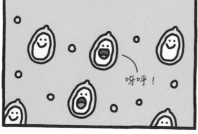

喔，順便一提，我講過我有**劇毒**嗎？

千萬別吃我！

90

地球生活筆記

絕妙好菇

世界上有超過12萬種已知菌類。
它們可能長得非常奇怪、非常好吃
或非常致命。

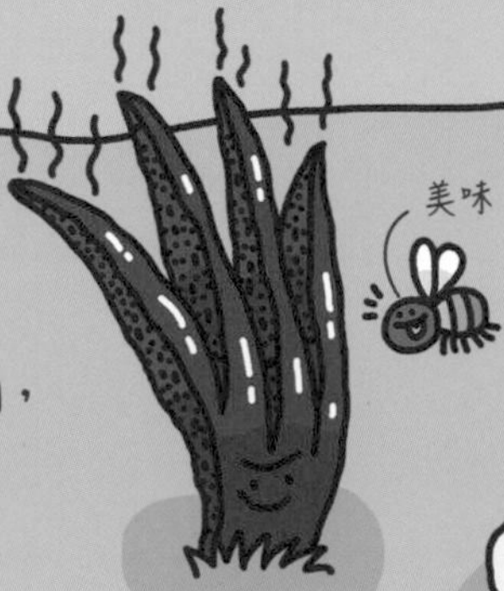

惡魔手指

這個臭傢伙聞起來像腐肉，
會吸引蒼蠅跟昆蟲
來幫忙散播孢子。

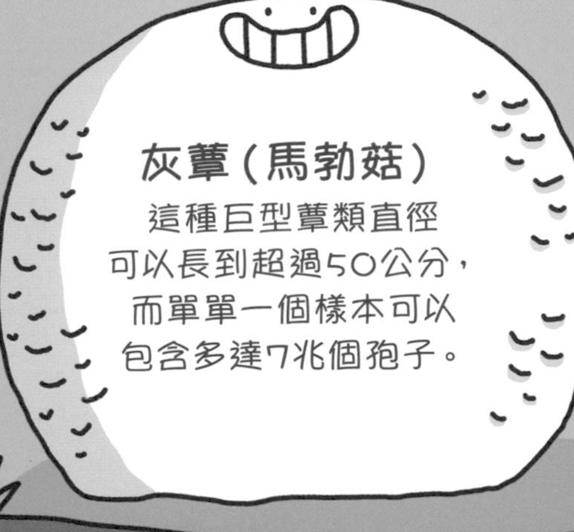

灰蕈（馬勃菇）

這種巨型蕈類直徑
可以長到超過50公分，
而單單一個樣本可以
包含多達7兆個孢子。

籃菌

這種怪異的菌類
是紐西蘭原生種，
不過在澳洲也可以看到，
外層黏呼呼的，還有臭味。

松露

這種菌類完全在地下成長，
是美味又昂貴的食物，評價很高，
所以人類會用豬和狗
去聞出它們在哪裡。

地衣

嗨,我是一片地衣。

嗯哼,再說一遍?

抱歉,我是說「我們是」一片地衣。

這樣「我們是」好多了。

我說「我們」是因為地衣是一種「共生」有機體。這表示我們其實是好幾種不同的有機體協同運作。

這傢伙是誰?

嗅嗅

地衣是部分菌類加部分藻類*。我們這種類型被稱為馴鹿地衣(又名石蕊),因為我們是馴鹿最喜歡的食物。

啊,牠靠近了!

大多數的地衣長得非常緩慢,每年大約只長一公釐。有個實例叫做北極「地圖」地衣,超過8,600歲了。

幾乎就跟你阿公一樣老喔!

地衣有豐富到讓人難以置信的各種顏色與型態,在世界許多不同地方都看得到。

橙衣地衣　　　杯石蕊　　　英國士兵　　　白苔　　　髯鬚地衣

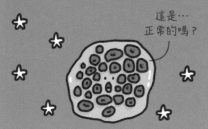

有一個物種,太陽紋地衣,就算暴露在太空中也能活14天。

這是…正常的嗎?

所以你看,當我們團結一體時,偉大的事情就發生了。

我們剛剛才被一隻馴鹿吃了,你笨蛋啊。

*藻類是一種沒有莖幹或樹葉的植物,在水裡或潮濕的地方生長。

浮游生物

歡迎來到海洋頂層。我們是浮游生物，小之又小的有機體，漂浮在波浪上吸收陽光。已知有超過5,000個物種。

唷！　　嘿！老哥　　衝浪中　　輕鬆一下

我們之中有些是藻類，有些是細菌或單細胞生物。我們有很多種不同形狀。

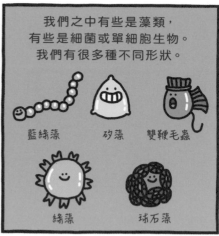

藍綠藻　　矽藻　　雙鞭毛蟲

綠藻　　球石藻

某方面來說，我們就像海洋中的零食量販隨選。

嗯嗯嗯！甜點！

我們靠著結合陽光、二氧化碳跟水來製造糖。在這個過程裡，有一種廢棄物是氧氣。我們其實負責製造了至少一半你所呼吸的氧氣。

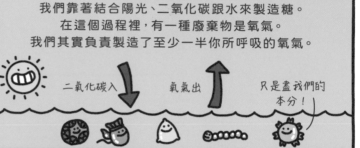

二氧化碳入　　氧氣出　　只是盡我們的本分！

我們用自己創造出來的糖來生長與繁衍，取代被我們的對手害死的浮游生物……

那是誰？

……磷蝦！一種甲殼動物*殺手。

嗯嗯嗯，晚餐！

數百萬的磷蝦吃掉了**數十億**的我們，不過沒關係，牠們還有更大的問題要面對。

是什麼呢？

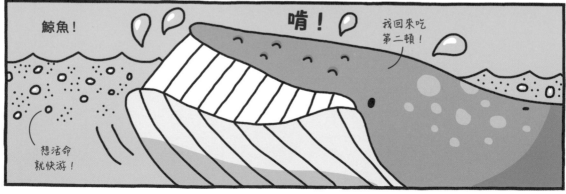

鯨魚！　　唷！　　我回來吃第二頓！

想活命就快游！

*甲殼動物是有硬殼、通常住在水裡的動物。

細菌

我是一種細菌——只用一個細胞構成的有機體。

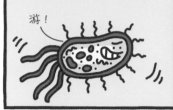

游！

我們有許多不同型態，而我是大腸桿菌。

大腸桿菌活在人類跟動物身上。我很無害，但我的某些大腸桿菌朋友很致命。而且，我們數量高達**數十億隻**。

嘩嘩！

讓路！

我們非常的小，所以一平方公釐的空間裡放得下數百個我們。

堆上去！

儘管很小，但細菌其實有很多種不同的形狀。

桿狀　　　球體　　　螺旋體　　　鍊狀與成對

我身上覆蓋著「菌毛」，有點像毛髮，能幫助我抓住東西；我也有稱為鞭毛的尾巴，會幫助我移動。

菌毛

鞭毛

藉著揮舞尾巴，我的移動速度能達到人類說的160公里時速。

轟轟

咻

但那不是我唯一能迅速做到的事。我可以每20分鐘就一分為二，複製自己一次。

開趴啦！

越多越開心

完全孤獨　　一個朋友！

0分鐘　　20分鐘

40分鐘

60分鐘

只要幾個小時，就會有數百萬個我。

我們要稱霸全世界！

雲

這裡對你來說應該有點高吧？正常狀況下，不會有人跑上來看我。

但偶爾還是會出現飛機、熱氣球、其他的雲……

別忘記還有鳥啊！

嘰！別直接從我中間飛過去啦！你知道吧，雲不是樹上長出來的啊。

哎呀！

事實上，我在太陽加熱地面、地面又加熱了上面的空氣時成形。

那種暖空氣在稱為對流的過程裡上升……

真暖和啊

……空氣冷卻下來，而空氣中的水蒸氣凝結起來形成我，一朵「積」雲。

我是新來的！

積雲出現在大約400-1,900公尺的高度，是好天氣的徵兆。

美好的一天

這才是生活

好吃

但我可能改變，然後迅速成長…

住手！

變成一朵積雨雲，「雲朵之王」。

積雨雲也是雷雨雲，可以製造出冰雹、打雷跟閃電，看起來**非常**嚇人。

還想從我中間飛過去嗎？

咿！

一起看雲去

雲有許多不同型態，
每一種都在大氣的不同高度中成形，
而只有少數幾種會製造出雨、冰雹跟雪。

唷！

捲雲

冰晶構成的纖細高空雲。
火星上也能觀測到這種雲。

積雨雲

平均一朵雨雲可以
包含大約400噸水，
幾乎是一隻藍鯨
平均體重的3倍。

莢狀雲

碟形的雲，
有時候會被誤當成
不明飛行物體。

這裡沒啥好看的

雨層雲

低垂的黑雲，
會製造出雨跟雪。

希望你出門
有帶傘

你應該也沒料到
會在這裡看到我

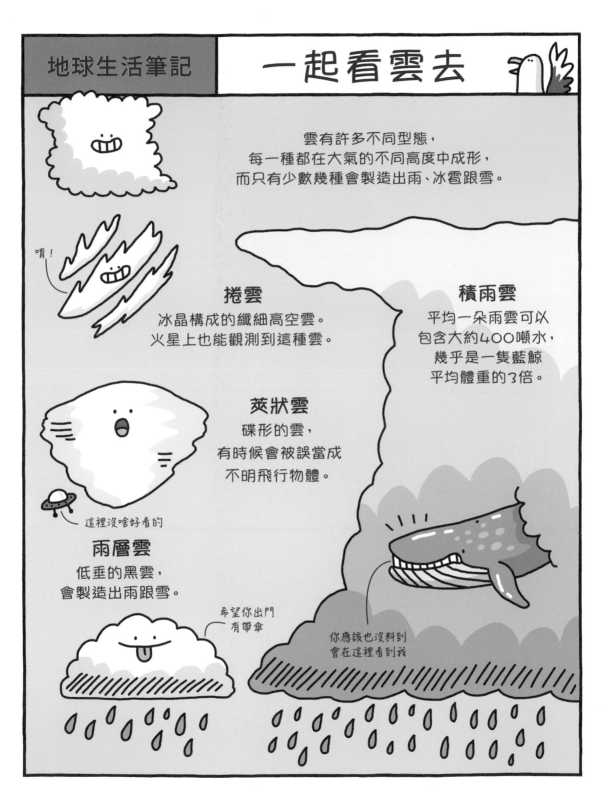

龍捲風
的祕密日記

這段摘錄出自旋風先生的日記，它是一個在奧克拉荷馬州上空成形的龍捲風，此地是美國所謂「龍捲風走廊」的一部分。

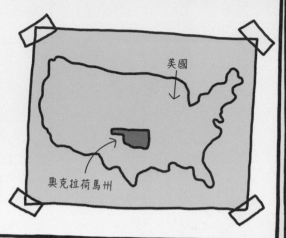

美國

奧克拉荷馬州

冷空氣

暖空氣

6月13日
下午1:17

我剛出生的時候是一片雷雨雲，確切的名稱是積雨雲*。
在一團溫暖濕潤的空氣遇到上方的乾冷空氣時，我就成形了，而且很快發展成一陣暴風雨。

下午1:28

在一片騷動中，上升空氣開始非常迅速地往上移動。來自四面八方的風導致空氣循環起來。這啟動了我內側開始旋轉的過程。

我來了……

強風

*參見97頁，查詢更多關於雲的資訊。

岩石

歡迎來到我的「採石場」，像我這樣的花崗岩團塊，會從這裡被挖出來。

我知道你在想什麼，我一定過著很刺激的生活！

呃，一開始是滿刺激的啦。10億年前，我在火山的超高熱度與高壓之下成形。

這裡很暖和嗎？

可以這麼說啦！

但從那以後，我大多數時候只是看著年年歲歲過去。

時間去了哪裡呢？

我看到「多細胞生命」——有超過一個細胞的微小有機體——在數十億年前發展出來。

怪異

「三葉蟲」是骨骼長在體外的生物，大約在5億2,000萬年前。

朋友！

4,000萬年前，魚類也來了。老是濺起水花的小夥伴。

打哈欠

大約2億8,000萬年前，最早的恐龍出來說「哈囉」了。

你嚇不倒我的！

大約6,600萬年前，牠們說了「再見」。

呃…

大約40萬年前的某個時期，長毛象出現在這個世界了。

牠們看起來很溫暖

你們這夥人是在20萬年前出現的。而現在…

我們被做成廚房。這是什麼狀況！

石頭巨星

讓我們更進一步了解我的石頭夥伴吧。
其中某些石頭似乎過得比我更有聲有色。
有人想玩剪刀石頭布嗎？

火成岩

這些石頭是來自
熔化岩漿（在地下）
或者火山熔岩（在地上）。

玄武岩
是地球上最常見的
火山岩石。

浮石是從火山裡
被炸出來的，
重量輕到可以
浮在水上。

金伯利岩是裡面
可能會有鑽石的
硬化岩漿。

炫吧

沉積岩

這些岩石是從其他岩石與礦物，
或者曾經活著的有機體碎片
組合形成的。

頁岩，以壓實的泥巴、黏土
跟礦物質構成，有時候裡面
可能會有化石。

煤是一種
可以燃燒的岩石，
是2億5,000萬年前的
植物形成的。

石灰岩是由
微小海洋生物的
堅硬部分形成的。

變質岩

這些是曾被地下的熱或壓力改變的岩石。

我討厭
下雨

板岩可以被用來
當作屋頂。

青金石被用來做
顏料跟裝飾品。

當然，
在我身上走
路沒問題

大理石被用來做
雕像、地板跟牆壁。

火山

哈囉。我是義大利西西里島的埃特納火山,我……快要爆發了。

3,320公尺高

轟隆!

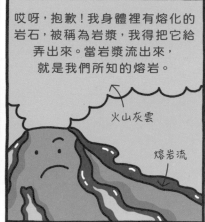

哎呀,抱歉!我身體裡有熔化的岩石,被稱為岩漿,我得把它給弄出來。當岩漿流出來,就是我們所知的熔岩。

火山灰雲

熔岩流

在地殼的兩塊岩石板塊相撞時,我成形了。

走開

你才走開!

地函(極熱而堅實的岩石)

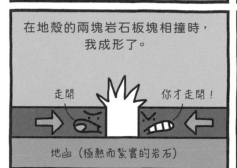

一個板塊被擠到另一個板塊下面,導致某些地函熔化。這塊熔岩接著就升上表面變成了我,一座火山。

我贏啦

埃特納

我下去

岩漿

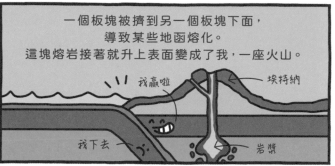

我已經超過50萬歲了,不過我還是一座「活」火山,不像那些在睡覺的「休」火山,已經停止噴發了。

休眠中

ZZZ

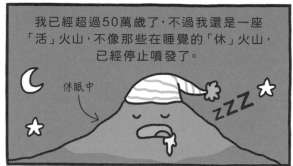

觀光客超愛我排出蒸氣的時候,每年有超過一百萬人來拜訪我。

說「轟隆」

火山可能摧毀整個城市。維蘇威火山在西元79年完全毀滅了古義大利城市龐貝跟赫庫蘭尼姆。

欸,要跑嗎?

所以,小心一點!糟糕,我又要爆發了。

下面的人小心!

嗷!

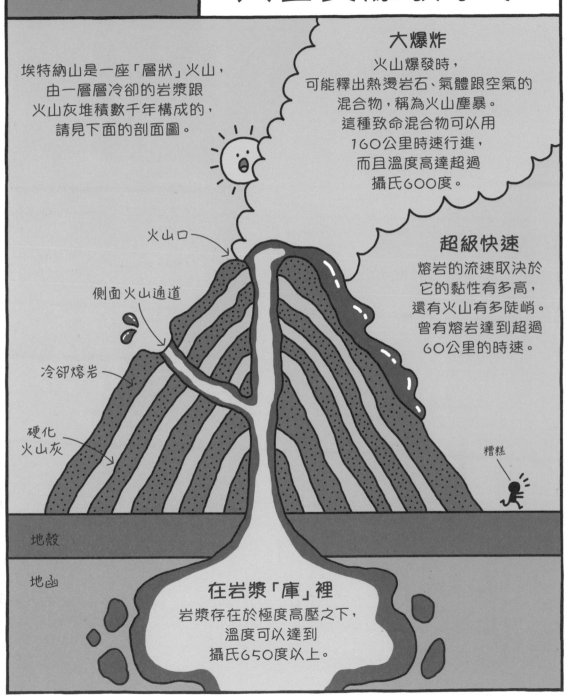

閃電

尤賽恩

的祕密日記

這段摘錄是來自尤賽恩的日記，它是委內瑞拉上空一片雲裡的一道閃電。

星期一

這一切都發生得好快。
首先，一朵大而充滿憤怒的
暴雨雲來了，
裡面的冰晶開始撞上水珠。
這樣彼此摩擦，創造出一種「電荷」。

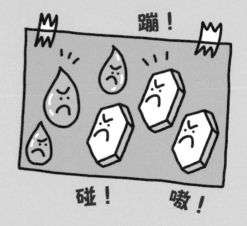

蹦！

碰！ 噢！

有點不對勁…

更多星期一的事

帶電荷的粒子有可能是
帶正電或負電，就像電池的兩極。
帶正電的粒子到了雲層頂端，
同時帶負電粒子則更往下沉。
這一切都會帶來麻煩。

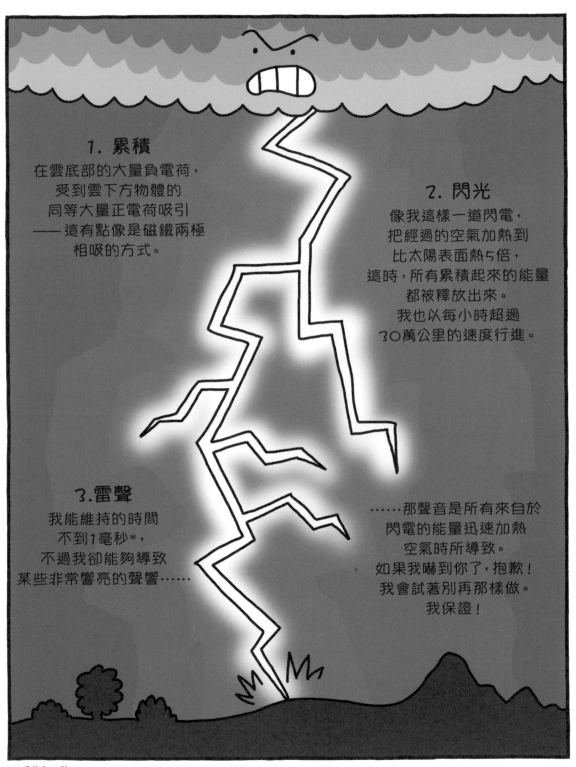

1. 累積

在雲底部的大量負電荷，
受到雲下方物體的
同等大量正電荷吸引
——這有點像是磁鐵兩極
相吸的方式。

2. 閃光

像我這樣一道閃電，
把經過的空氣加熱到
比太陽表面熱5倍，
這時，所有累積起來的能量
都被釋放出來。
我也以每小時超過
30萬公里的速度行進。

3.雷聲

我能維持的時間
不到1毫秒*，
不過我卻能夠導致
某些非常響亮的聲響……

……那聲音是所有來自於
閃電的能量迅速加熱
空氣時所導致。
如果我嚇到你了，抱歉！
我會試著別再那樣做。
我保證！

＊千分之一秒。

月亮

你們是誰？靠近一點，讓我可以好好看著你們。

眯眼用力看

我什麼都看不到，因為太陽照著我的眼睛。

太陽

地球

喔，是你們啊。太陽實在煩死人了，雖然它是我發亮的來源——我自己不會發光，我只是反射太陽光。

發亮

就現在來說，我是「滿月」，這表示你們可以看到全部的我被照得很亮。然而有時候你們只能看到部分的我，那取決於我繞行在地球軌道上的哪裡，這稱為我的「月相」。

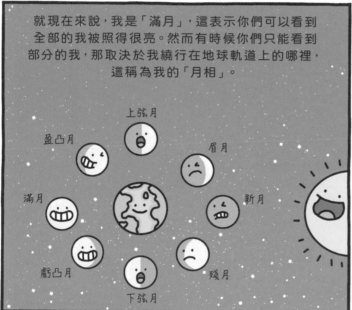

上弦月

盈凸月

眉月

滿月

新月

虧凸月

殘月

下弦月

我花了剛好比27天多一點的時間繞地球一圈。而我總是讓你們看到我的同一面。

真是無聊

沒禮貌

你們知道嗎，我也是你們所說的「月份」字義來源。

驕傲

你們最後一次來看我，是美國太空總署的阿波羅17號任務，但那是1972年的事了。

你們留下不少垃圾。可以來處理掉嗎？

一袋袋便便、尿尿跟嘔吐物

登月靴

月球車

對了，順便幫我帶一副太陽眼鏡吧！

多謝啦

不一樣的地球生活

極光

喔～看看我所有美麗的顏色。
我是極光，而你也一定會同意，我是……

……美麗的

搖曳

閃亮

舞動

就算是我自己說的。

我是一種天然燈光秀，
由空中蕩漾的
美妙顏色構成。

我在北半球
被稱為北極光。

而南極光
則是在南半球。

在芬蘭的神話裡，我是由一隻火狐創造出來的，
牠以極快的速度穿過雪地，火花從牠的尾巴
飛出來，竄向天空。

咻～

而中國古老傳說裡
則說極光是龍之火，燃燒了天空。

不過我其實是在「太陽風」
── 帶電荷的粒子 ──
從太陽朝著地球吹送時
被創造出來的。

請見諒

它重擊地球大氣裡的
氧原子與氮原子。

然後放出
多采多姿的光。

某些人花了一輩子
時間，只為了能
見我一面。

現在，你見到啦！

不一樣的地球生活

時鐘

嗶嗶 嗶嗶
嗶嗶 嗶嗶
嗶嗶 嗶嗶
嗶嗶 嗶嗶

哎呀,我吵醒你了嗎?
抱歉,但這就是
我的工作。

我真希望你
不要這樣做

既然已經引起你的注意,
咱們來聊聊。
你可能已經認得我的臉……

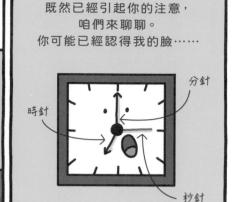

分針

時針

秒針

……不過,刺激的是
在我肚子內的玩意兒。

來瞧瞧,
別害羞嘛!

我是非常簡單的
「石英」時鐘。
石英是一種
結晶體,
有幫助我準時的
特殊屬性。

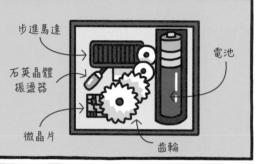

步進馬達

電池

石英晶體
振盪器

微晶片

齒輪

來自電池的電力通過石英,讓它每秒剛好振動32,786次。
我知道這一點,是因為我的微晶片數過全部的振動。

電池 　石英 　　微晶片 　　齒輪 　　指針

每振動過32,786次以後,
馬達就會移動推動秒針的
齒輪。

我們齒輪
是苦工!

我精確到一天只差大約半秒。
對於一個非常普通的時鐘
來說,表現還不錯。

我是個頂級
計時器!

幫我個忙,
明天早上
晚個10分鐘
行嗎?

不行!
準時是我的工作。

不一樣的地球生活

燈泡

我是一顆「白熱」燈泡，很高興見到你。

閃亮

湯瑪斯·愛迪生跟其他發明家在100多年前把我創造出來。

有點子了！

在電流通過我的時候，金屬燈絲熱起來，能量以光的方式散放出來。那就是「白熱」的意思。

鎢絲　玻璃燈泡　電極

你不是燈泡，你已經成為歷史了。

你是誰？

我是省電燈泡。我的持續時間是你的10倍，而且使用的能源少了60-80%。

不！

你以熱的形式浪費掉能源，這就是為什麼你被這麼多國家禁用了。

我很抱歉

話別說得太早，你也沒那麼環保。

蛤？

我是LED燈泡（發光二極體），是未來的電燈。

你，省電燈泡，有毒的水銀讓你很難回收。

這裡沒有省電燈泡

我用的能源少得多，又撐得比較久。

哼　風水輪流轉

所以，你們全都成為歷史啦！

有人講到「歷史」嗎？

各位？

火星車

來看我吧！
我是美國太空總署的
火星車，機會號。

我住在火星上，
是從太陽數過來
第四顆星球。

在這裡！

我是個機器人地理學家，
被派去發掘更多過去與現在的
火星氣候。

攝影機
無線電發射器
岩石探測裝置
太陽能板

呃，但那是以前啦。2018年有一場巨大的沙塵暴
搞爛了我的太陽能板，這表示我的能源用光了，
現在，我沒辦法傳訊回家了。

糟糕

我的任務始於2004年，而且本來
只打算維持90個「太陽日」——那是
火星上的一天，24小時又39分。

嗨！
夥伴！

但我卻持續運作了
5,111個火星太陽日，
送回20萬張照片。

包括那張古怪的自拍照……

西瓜甜不甜～

我總共旅行了45公里，
對於一輛太空車來說，
是個不錯的紀錄。

現在我不怎麼走動了。

不過這風景相當壯麗。這是我在2018年送回的最後一張全景照。
很棒齁？拜託，快來救我。

← 家

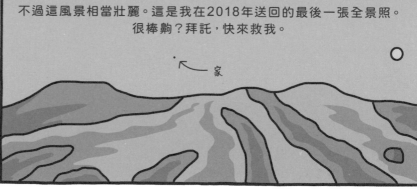

留在火星的英雄

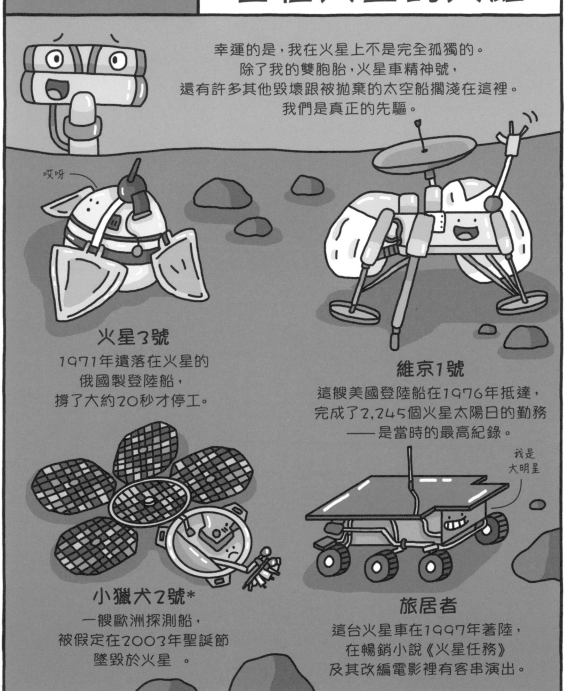

幸運的是，我在火星上不是完全孤獨的。
除了我的雙胞胎，火星車精神號，
還有許多其他毀壞跟被拋棄的太空船擱淺在這裡。
我們是真正的先驅。

哎呀

火星3號
1971年遺落在火星的
俄國製登陸船，
撐了大約20秒才停工。

維京1號
這艘美國登陸船在1976年抵達，
完成了2,245個火星太陽日的勤務
——是當時的最高紀錄。

我是
大明星

小獵犬2號*
一艘歐洲探測船，
被假定在2003年聖誕節
墜毀於火星。

旅居者
這台火星車在1997年著陸，
在暢銷小說《火星任務》
及其改編電影裡有客串演出。

＊譯注：後來在2015年，研究人員發現小獵犬2號其實安全著陸了，卻因不明原因沒有啟動運作。

太空探測船
的祕密日記

這段摘錄是出自航海家1號的日記，
這是美國太空總署在1977年9月5日
發射的一台太空探測船，
現在是距離地球最遠的人造物體。

航海家1號

1977年9月6日

在我被一艘巨大火箭
轟進太空後的那天，我回頭看，
拍下我的第一張地球與月球照片。
我的任務會帶著我到達
太陽系邊緣與其後的地方
——永遠不回頭。

祝好運，朋友

紅點

1979年3月5日

今天是我離木星最近的時候
——這是我的第一個任務目標。
下面的天氣看起來不太好。
那個紅點是正在發威的風暴，
風速高達每小時600公里。
我想我還是躲遠一點。

1980年11月9日

今天是我最靠近土星的時候，
也是我的第二個任務。我在這裡看見
三個先前沒人發現的衛星：
亞特拉斯、普羅米修斯跟潘朵拉。
可惜無法用我的名字為它們命名。

好遠啊⋯

1990年2月14日

離家60億公里，在太空中漂流，
我拍下我的最後一張照片。
地球看起來就只是無垠太空中的
一個淡藍色小點。

2017年9月5日

這是我發射的40周年慶。
不過沒有人可以跟我一起慶祝。
我可能會放我的金唱片來讓自己振作精神。
唱片裡有很多家鄉的聲音，
包括音樂跟來自地球的問候。
我帶著它，只是以防萬一我碰上了外星人。

現在

離家超過220億公里遠，
我現在在太陽系之外，進入「星際」空間。
成為史上旅行得最遠的人造物體很棒，
不過請別忘記我。如果你想知道更多，
你可以在美國太空總署的網站上
追蹤到我的進展。

想你唷！

太陽

哈囉！我是太陽，離你最近的恆星。

雖然我離你並沒有那麼近。事實上，我在1億4,900萬公里之外。

哇！

這距離超遠，所以我產生的光要花大約八分鐘才能從我這裡到達你那裡。

慢慢來嘛，老哥。

我是太陽系的最最核心。旁邊有八個行星沿軌道繞著我轉——最大的是木星，最小的是水星——還有種種衛星、彗星、冰岩與氣體。

水星　金星　地球　火星　　　主小行星帶　　木星　　土星　　天王星　海王星

我其實非常巨大，大到可以把100萬個地球裝進我肚子裡面。

而且還有很多空間喔！

在太陽系的所有物質中，我就構成其中的99%。

好重！

你可以在這裡找到我，在銀河系中，這是由數十億恆星組成的一個星系。

就現在來說，我是所謂的「黃矮星」。但終有一天我會變得更大，變成一個「紅巨星」，吞噬水星、金星，甚至地球。

大　　更大　　最大　　呃，發生了什麼事？

別擔心，那還得再等50億年才會發生。在這之前，我就只會翹著腳休息啦。

太空的火爆小子

我大約是在4,600萬年前成形的,
是在一片稱為星雲的巨大氣體雲聚攏起來之後的事。
我提供了讓地球上的生命得以興盛的光與熱。
不過也沒什麼好說謝的——這是小事。

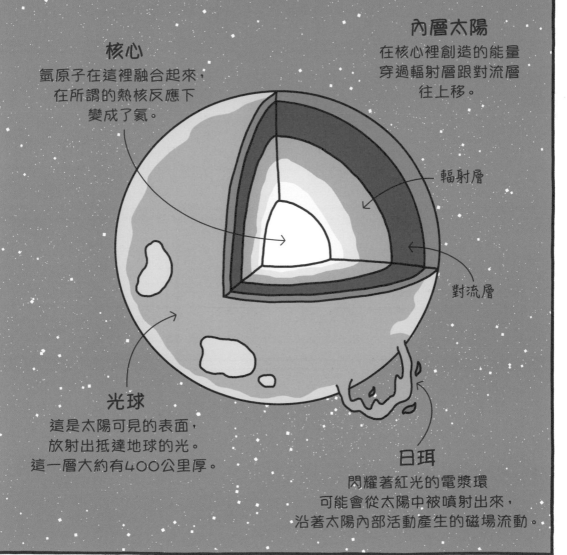

內層太陽
在核心裡創造的能量
穿過輻射層跟對流層
往上移。

核心
氫原子在這裡融合起來,
在所謂的熱核反應下
變成了氦。

輻射層

對流層

光球
這是太陽可見的表面,
放射出抵達地球的光。
這一層大約有400公里厚。

日珥
閃耀著紅光的電漿環
可能會從太陽中被噴射出來,
沿著太陽內部活動產生的磁場流動。

雪花

在一片非常冷的雲朵深處……

就是我！一朵雪花。而且才剛剛成形。

我知道你在想什麼——我的形狀不對。但所有雪花在一開始都是六邊形。

沒錯

是真的

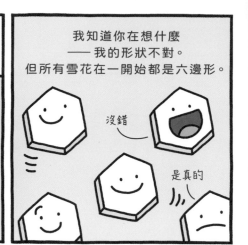

當一顆飄浮在雲朵裡的塵土周圍有水蒸氣凍結的時候，我就成形了；或者，如果天氣夠冷，我會直接從雲朵本身的水蒸汽裡成形。

這肯定是要戴帽子跟圍巾的天氣

當我補充越多極為冰冷的水，我就會變得越大，直到產生雪花最出名的一種美麗形狀為止。

我在長大

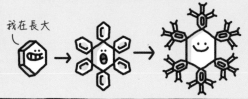

雪花有很多種形狀，會形成哪些形狀，就看雲朵有多冷多濕。

針狀

薄片

樹枝狀

圓柱體

而且絕對沒有兩朵雪花是一模一樣的。

我是獨一無二的

最後，我會重到從雲朵裡落下。

呀呼！

而我正在朝下前往地面的路上。

永遠不會再有另一個一樣的雪花了…哭哭

或許，我最後會出現在一個雪人裡面！

呀呼！

冰山

大家都認為，
當一座冰山很無趣。

大家都只能看到
這樣的我。

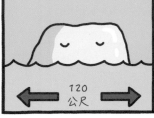

← 120
公尺 →

他們就是不明白，
我有隱藏的深度。
我有大約90%是躺在水下的。

老兄，還是
很無趣啊

我是在脫離冰河時
成形的——冰河
是超大塊緩慢移動的冰。

自由！

我是來自
格陵蘭冰原，
北極的一片
遼闊冰河，
在上面這
邊……

……不過我們
冰山也會在
下面這邊的
南極洲成形。

冰山有很多不同的形狀與大小：

平板狀：
平頂

楔形：
陡峭有坡度

乾船塢：
以U字形狀出名

穹頂：
光滑而圓的頂端

尖塔：
有尖錐

陡峭
垂直的側邊

不到五公尺寬的冰山
被稱為小冰山或漂冰山。
這就是最後當我開始
融化時的樣子。

吼！

但現在，我還是個
無趣的老冰山。
什麼事情都不會發生。

喔好。
以後再聊！

117

彩虹

我是一道彩虹。
你看得見我嗎？

我這麼問，是因為
你要在正確時間
和正確地點，
才能看到彩虹。

你面前需要有水珠，
還要有陽光從你背後照過來。

陽光

喔喔！
這不是
很美妙嗎？

陽光是由不同顏色組成的，當這些顏色
混合在一起時，我們看到的會是白色。
然而，在「白色」陽光打在水珠上，
它就會被「折射」——被分散開來——
拆成它的許多顏色。這些顏色
接著從水珠後面反射出來，創造出彩虹。

噯…這樣
癢癢的欸！

這些顏色被稱為光譜。
我們說它有七色。

紅
橙
黃
綠
藍
靛
紫

不過實際上，中間還有更多更多顏色，
全都天衣無縫地混合在一起。

他們說，你可以在我的盡頭
找到一罐金子…

……不過那不是真的。
我根本沒有盡頭，
因為我就只是
光的詐術而已。

真是
把歉啦

不過，有件事情卻有盡頭，
那就是這本書。希望你
很享受我們的每一天。

結束！

詞彙表

結果是，在一天裡就有很多事情會發生，
還有很多新的詞彙要學。
這份詞彙表會給你這本書裡某些最重要字詞的簡短解釋，
你可以查詢參考。

藻類（Algae）
一種構造簡單的植物，生長在水上或
水裡。包括浮游植物跟海藻。

原子（Atom）
一個化學元素的最小粒子。由質子、
中子跟電子構成的。

水生的（Aquatic）
「水生的」動物或植物住在水上或水
裡。「半水生的」動物部分時間住在
水上或水裡，部分時間住在陸地上。

細菌（Bacterium）
在很大很大的微生物群體裡，一個很
小很小的成員。

鳥（Bird）
一種有羽毛跟翅膀的動物，像是鴕鳥
或者海鷗。母鳥會下蛋。

血（Blood）
在人類跟其他脊椎動物體內到處移動
的紅色液體。某些生物，像是蜘蛛跟
管魷目動物，血液是藍色的。

血管（Blood vessels）
是運輸血液繞行全身的管子。有不同
的型態，像是靜脈、動脈跟微血管。

骨頭（Bone）
一塊塊堅硬白色組織，有各種形狀跟
大小，構成了你跟其他動物的骨骼。

細胞（Cell）
生物的最小單位。每種動物跟植物都
是由數百萬又數百萬的細胞構成。

頭足動物（Cephalopod）
一群有觸手跟吸盤的海洋動物。舉例
來說，管魷目、八腕目、墨魚目。

甲殼動物（Crustacean）
一隻有硬殼、分節身體跟好幾對腳的動物。例如螃蟹、龍蝦、磷蝦與一般的蝦子。

日（Day）
由24小時構成的周期，在這段時間裡，地球會在地軸上自轉一圈。

沙漠（Desert）
地球上非常熱的一個區域，雨量非常少，只能維持稀疏的植被與動物。

消化（Digestion）
分解食物好讓你的身體吸收的過程。

蛋／卵（Egg）
一個卵形或圓形的物體，通常是由雌性的鳥、魚、爬蟲類或無脊椎動物所生，裡頭會有一個發展中的胚胎。

電力（Electricity）
一種因為帶電粒子的存在所導致的能量形式。電力被用來加熱、照明並提供機器動力。

元素（Element）
一種物質，像是氧氣、鐵或水銀，只由一種原子構成。

胚胎（Embryo）
人類或動物尚未出生的後期，屬於發展歷程的非常早期。

酶（Enzyme）
一種由生物產生的物質，會促進化學反應。

魚（Fish）
一種有一條尾巴與鰭的冷血生物，在水裡生活。例如鮟鱇魚、小丑魚跟鯊魚。

花（Flower）
植物的一部分，長在莖的末端。通常有明亮的顏色，並且會吸引昆蟲。

水果（Fruit）
植物的一部分，有種子或者果核跟果肉。

菌類（Fungi）
一群會產生孢子、靠有機物質吸收營養的生物。包括蕈類、酵母菌跟黴菌。

毛皮（Fur）
長在某些動物身上的柔軟豐厚毛髮。是哺乳動物的特徵。

氣體（Gas）
一種物質，像是氧氣或者氫氣，不像液體跟固體，沒有固定形狀。

冰河（Glacier）
移動非常緩慢的一大塊冰，通常在山谷裡，或者靠近北極跟南極。

腺體（Gland）
一種身體組織，製造並釋放要用在你體內的化學物質。

毛髮（Hair）
由角蛋白構成的細線，長在人類跟其他動物身上。

荷爾蒙（Hormone）
一種在身體裡製造的化學物質，監督細胞、組織或器官的活動。

昆蟲（Insect）
有六隻腳、分節身體與一或兩對翅膀的生物。分節身體由三個部分組成：頭部、胸部與腹部。

無脊椎動物（Invertebrate）
沒有脊椎的動物，像是蚯蚓、蝸牛、蜘蛛跟昆蟲。構成了動物界裡最大的群體。

角蛋白（Keratin）
一種出現在你皮膚跟毛髮裡的蛋白質，也出現在犀牛角、魚鱗、鳥喙，還有大多數動物的皮膚上。

光（Light）
是指讓我們能看到周遭世界的明亮性質。這是某種形式的「電磁輻射」。

液體（Liquid）
一種自由流動的物質，像是水或者油。

哺乳動物（Mammal）
一種有脊椎的溫血動物，有毛髮並且會生出活的幼仔。例如人類、馬跟狗。

有袋目動物（Marsupial）
一種把孩子放在囊袋裡帶著的哺乳類。例如袋鼠跟無尾熊。

機制（Mechanism）
一部機器的多個部分，共同運作以執行一個特定功能。

軟體動物（Mollusc）
一種有柔軟身體、有時有個硬殼的無脊椎動物。例如蛞蝓、蝸牛跟管魷目動物。

月球（Moon）
月球是一個繞著地球轉的圓形岩體。其他行星也有月球那樣的衛星，像是火星。火星的衛星被稱為火衛一跟火衛二。

肌肉（Muscle）
動物體內的一群組織，可以收縮以便製造動作。

神經（Nerves）
長而細的纖維，把訊息從你的大腦或脊髓，傳送到你體內的肌肉與器官。

有機體（Organism）
一種獨立的生命形式，包括動物、植物、菌類跟細菌。

器官（Organ）
你身體有特定功能的一部分。例如心臟、肺臟、肝臟。

行星（Planet）
太空中的一個圓形大物體，沿軌道繞行它附近的恆星。例如地球、火星、金星、木星。行星比衛星或小行星大一些。

植物（Plant）
一種有莖、根、葉的生物，通常在地上生長。例如灌木、喬木、草跟苔蘚。

便便（Poo）
人類與其他動物的廢氣物質，（通常是）固態、有臭味，而且不是非常討喜。

掠食者（Predator）
殺害並吃掉其他動物以便生存的動物。

靈長目（Primate）
一種包括人類、猿、猴與狐猴的哺乳動物群體。以體重比例來算，牠們的大腦是陸地棲息動物中最大的。

獵物（Prey）
一種被掠食者獵殺來當食物的生物。

繁殖（Reproduction）
像是動物、植物、細菌跟其他有機體等等生物，製造出一個或更多個體的過程。這些個體被稱為後代。

爬蟲類（Reptile）
冷血動物，通常有鱗片，包括鱷魚、蛇、蜥蜴跟烏龜。

根（Roots）
把一棵植物連結到地上的部分，通常是在地下。一棵植物會有大堆的根。

鱗片（Scales）
小而扁的硬化皮膚，一般狀況下會彼此重疊，保護著魚或爬蟲類的身體。

感官（Senses）
觸碰、聽、嗅聞、看與嚐的身體能力，幫助身體感知周遭的世界。

太陽系（Solar System）
太陽與沿軌道繞行太陽的物體，像是八大行星，以及它們的衛星、較小的「矮」行星、小行星跟彗星。

固體（Solid）
一種保持紮實或穩定形狀的物質。

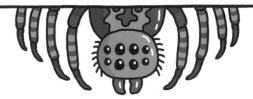

恆星（Star）
太空中製造出光與熱的超大氣體球。離我們最近的恆星是太陽。

樹（Tree）
一棵有硬樹幹、葉子跟分枝的高大植物。

毒液（Venom）
由某些動物，像是蜘蛛跟蛇創造的一種有毒物質。可能有點惱人，或者很致命。

脊椎動物（Vertebrate）
一種有脊椎的動物，像是魚、鳥跟哺乳類。

病毒（Virus）
一種能導致疾病的病菌。病毒在活的有機體細胞內複製自己。

天氣（Weather）
我們周遭的大氣在任何特定時刻的狀態。例如陽光普照、熱、下雨或刮風。

X光（X-Ray）
一種可以穿過身體的輻射。X光由身體不同部位以不同頻率吸收，可以被特殊機器偵測到，以便創造出你體內的影像。

掰！我很快回來。

再見啦！

看，我還在滾動喔。

別飄走了。

你要去哪裡？

你不能那麼快擺脫我們。快回來。

人生海海，認識你真好。嘿嘿！

希望你享受了很「海」的好時光！

我會想你的。

在我融化前，再見一次面吧。

我會順路去看看你的。

有辦「髮」認識你真是太好了。

我們要回去工作了。

我才剛認識你呢。

快點再跟我見面！

真想知道接下來會是什麼。

本書與108課綱自然領域學習內容對應表　內容整理/小漫遊編輯室

國民小學教育階段中年級（3～4年級）

課綱主題	跨科概念	能力指標編碼及主要內容		本書對應內容
自然界的組成與特性	物質與能量（INa）	INa-II-2	在地球上，物質具有重量，佔有體積。	地球的重力：P10
		INa-II-4	物質的形態會因溫度的不同而改變。	適居帶：P19
		INa-II-5	太陽照射、物質燃燒和摩擦等可以使溫度升高，運用測量的方法可知溫度高低。	流星體撞擊空氣升溫：P35
		INa-II-6	太陽是地球能量的主要來源，提供生物的生長需要，能量可以各種形式呈現。	適居帶：P19
		INa-II-7	生物需要能量（養分）、陽光、空氣、水和土壤，維持生命、生長與活動。	適居帶：P19 太空任務中的氧：P84
	構造與功能（INb）	INb-II-4	生物體的構造與功能是互相配合的。	太空中的人體反應：P104-105
		INb-II-7	動植物體的外部形態和內部構造　與其生長、行為、繁衍後代和適應環境有關。	太空旅行的動物：P75-77 水熊蟲：P108
	系統與尺度（INc）	INc-II-1	使用工具或自訂參考標準可量度與比較。	坑洞大小：P16 太陽系最大的火山：P26
		INc-II-2	生活中常見的測量單位與度量。	光年：P14-15
		INc-II-4	方向、距離可用以表示物體位置。	星雲位置：P46｜星系位置：P98
		INc-II-6	水有三態變化及毛細現象。	地球在適居帶：P19
		INc-II-7	利用適當的工具觀察不同大小、距離位置的物體。	太空望遠鏡：P98-100 電波望遠鏡：P101
自然界的現象、規律及作用	改變與穩定（INd）	INd-II-2	物質或自然現象的改變情形可以運用測量的工具和方法得知。	太空望遠鏡：P98-100 電波望遠鏡：P101
		INd-II-3	生物從出生、成長到死亡有一定的壽命，透過生殖繁衍下一代。	生命：P19
	交互作用（INe）	INe-II-6	光線以直線前進，反射時有一定的方向。	月球：P22
		INe-II-7	磁鐵具有兩極，同極相斥，異極相吸；磁鐵會吸引含鐵的物體。磁力強弱可由吸起含鐵物質數量多寡得知。	磁性托盤：P104
		INe-II-10	動物的感覺器官接受外界刺激會引起生理和行為反應。	太空中的人體反應：P104-105
		INe-II-11	環境的變化會影響植物生長。	太空種植實驗：P110
自然界的永續發展	科學與生活（INf）	INf-II-1	日常生活中常見的科技產品。	太空衍生產品：P113-114
		INf-II-2	不同的環境影響人類食物的種類、來源與飲食習慣。	太空食物：P104
		INf-II-5	人類活動對環境造成影響。	太空垃圾：P91
	資源與永續性（INg）	INg-II-3	可利用垃圾減量、資源回收、節約能源等方法來保護環境。	在太空的排泄物：P90 重複使用的火箭筒：P96

課綱主題	跨科概念	能力指標編碼及主要內容		本書對應內容
自然界的組成與特性	物質與能量（INa）	INa-III-1	物質是由微小的粒子所組成，而且粒子不斷的運動。	中子星：P53 宇宙誕生：P63
		INa-III-2	物質各有不同性質，有些性質會隨溫度而改變。	適居帶：P19
		INa-III-5	不同形式的能量可以相互轉換，但總量不變。	核融合：P12
		INa-III-8	熱由高溫處往低溫處傳播，傳播的方式有傳導、對流和輻射，生活中可運用不同的方法保溫及散熱。	太陽構造分層：P12-13
	構造與功能（INb）	INb-III-6	動物的形態特徵與行為相關，動物身體的構造不同，有不同的運動方式。	水熊蟲：P108
	系統與尺度（INc）	INc-III-1	生活及探究中常用的測量工具和方法。	空望遠鏡：P98-100 電波望遠鏡：P101
		INc-III-2	自然界或生活中有趣的最大或最小的事物（量），事物大小宜用適當的單位來表示。	坑洞大小：P16 太陽系最大的火山：P26 光年：P14-15
		INc-III-5	力的大小可由物體的形變或運動狀態的改變程度得知。	中子星重力：P53
		INc-III-6	運用時間與距離可描述物體的速度與速度的變化。	水星速度：P16｜小行星速度：P28｜航海家1號速度：P42｜太空站繞行地球速度：P86｜太空梭繞行地球速度：P97
		INc-III-10	地球是由空氣、陸地、海洋及生存於其中的生物所組成的。	地球：P18
		INc-III-14	四季星空會有所不同。	星空觀察：P54-56
		INc-III-15	除了地球外，還有其他行星環繞著太陽運行。	太陽系：P5-41
自然界的現象、規律及作用	改變與穩定（INd）	INd-III-2	人類可以控制各種因素來影響物質或自然現象的改變，改變前後的差異可以被觀察，改變的快慢可以被測量與了解。	月球上的物體掉落實驗：P23｜水熊蟲實驗：P108｜太空種植實驗：P110
		INd-III-3	地球上的物體（含生物和非生物）均會受地球引力的作用，地球對物體的引力就是物體的重量。	地球的重力：P10｜火箭：P68｜太空排泄物：P90
		INd-III-5	生物體接受環境刺激會產生適當的反應，並自動調節生理作用以維持恆定。	水熊蟲：P108
	交互作用（INe）	INe-III-8	光會有折射現象，放大鏡可聚光和成像。	太空望遠鏡原理：P100
		INe-III-9	地球有磁場，會使指北針指向固定方向。	地球磁場：P18、21
		INe-III-12	生物的分布和習性，會受環境因素的影響；環境改變也會影響生存於其中的生物種類。	水熊蟲：P108
自然界的永續發展	科學與生活（INf）	INf-III-1	世界與本地不同性別科學家的事蹟與貢獻。	發現矮行星：P40｜火箭進展歷程：P68-73、112、115｜知名太空人：P78-81｜趣味太空事蹟：P106-107｜太空人沃利：P117
		INf-III-2	科技在生活中的應用與對環境與人體的影響。	人造衛星：P74｜阿波羅任務：P82-83｜月球車：P85｜太空站：P86-89、115｜太空探測器：P92-95｜太空梭：P97｜太空望遠鏡：P98-100｜電波望遠鏡：P101｜太空裝：P109、115｜太空衍生產品：P113-114
		INf-III-4	人類日常生活中所依賴的經濟動植物及栽培養殖的方法。	太空種植實驗：P110

國民中學教育階段 （7～9）年級

課綱主題	跨科概念		能力指標編碼及主要內容	本書對應內容
物質的組成與特性（A）	物質的形態、性質及分類（Ab）	Ab-IV-1	物質的粒子模型與物質三態。	中子星：P53｜宇宙誕生：P63
		Ab-IV-2	溫度會影響物質的狀態。	地球在適居帶：P19
能量的形式、轉換及流動（B）	能量的形式與轉換（Ba）	Ba-IV-1	能量有不同形式，例如：動能、熱能、光能、電能、化學能等，而且彼此之間可以轉換。孤立系統的總能量會維持定值。	核融合：P12 暗能量：P64
	溫度與熱量（Bb）	Bb-IV-4	熱的傳播方式包含傳導、對流和輻射。	太陽構造分層：P12-13
	生態系中能量的流動與轉換（Bd）	Bd-IV-3	生態系中，生產者、消費者和分解者共同促成能量的流轉和物質的循環。	太空種植實驗：P110
物質的結構與功能（C）	物質的結構與功能（Cb）	Cb-IV-1	分子與原子。	核融合：P12
生物體的構造與功能（D）	動植物體的構造與功能（Db）	Db-IV-1	動物體（以人體為例）經由攝食、消化、吸收獲得所需的養分。	太空中的胃：P104
		Db-IV-5	動植物體適應環境的構造常成為人類發展各種精密儀器的參考。	水熊蟲太空實驗：P108
	生物體內的恆定性與調節（Dc）	Dc-IV-4	人體會藉由各系統的協調，使體內所含的物質以及各種狀態能維持在一定範圍內。	太空中的人體反應：P104-105
		Dc-IV-5	生物體能覺察外界環境變化、採取適當的反應以使體內環境維持恆定，這些現象能以觀察或改變自變項的方式來探討。	水熊蟲太空實驗：P108
物質系統（E）	自然界的尺度與單位（Ea）	Ea-IV-2	以適當的尺度量測或推估物理量，例如：奈米到光年、毫克到公噸、毫升到立方公尺等。	陽質量：P12 光年：P14-15
	力與運動（Eb）	Eb-IV-1	力能引發物體的移動或轉動。	重力：P10-11 月球上的物體掉落實驗：P23 木星引力與小行星：P29
		Eb-IV-8	距離、時間及方向等概念可用來描述物體的運動。	水星繞行太陽：P16｜冥王星繞行太陽：P40｜航海家1號飛行：P92
	氣體（Ec）	Ec-IV-1	大氣壓力是因為大氣層中空氣的重量所造成。	金星空氣重量：P17
	宇宙與天體（Ed）	Ed-IV-1	星系是組成宇宙的基本單位。	星系：P58-59
		Ed-IV-2	我們所在的星系，稱為銀河系，主要是由恆星所組成；太陽是銀河系的成員之一。	銀河系：P58
地球環境（F）	組成地球的物質（Fa）	Fa-IV-1	地球具有大氣圈、水圈和岩石圈。	地球構造：P18
		Fa-IV-4	大氣可由溫度變化分層。	大氣層：P9
	地球與太空（Fb）	Fb-IV-1	太陽系由太陽和行星組成，行星均繞太陽公轉。	太陽系：P6-7
		Fb-IV-2	類地行星的環境差異極大。	內側行星：P16｜水星：P16｜金星：P17｜地球：P18｜火星：P26
		Fb-IV-3	月球繞地球公轉；日、月、地在同一直線上會發生日月食。	日月食：P25
		Fb-IV-4	月相變化具有規律性。	月相：P22
自然界的現象與交互作用（K）	波動、光及聲音（Ka）	Ka-IV-1	波的特徵，例如：波峰、波谷、波長、頻率、波速、振幅。	光波：P14
		Ka-IV-9	生活中有許多運用光學原理的實例或儀器，例如：透鏡、面鏡、眼睛、眼鏡及顯微鏡等。	太空望遠鏡原理：P100
	萬有引力（Kb）	Kb-IV-1	物體在地球或月球等星體上因為星體的引力作用而具有重量；物體之質量與其重量是不同的物理量。	地球的重力：P10｜月球上的物體掉落實驗：P23
		Kb-IV-2	帶質量的兩物體之間有重力，例如：萬有引力，此力大小與兩物體各自的質量成正比、與物體間距離的平方成反比。	太空中的重力：P11
科學、科技、社會及人文（M）	科學發展的歷史（Mb）	Mb-IV-2	科學史上重要發現的過程，以及不同性別、背景、族群者於其中的貢獻。	發現矮行星：P40｜火箭進展歷程：P68-73、112、115｜知名太空人：P78-81｜太空人沃利：P117
科學、科技、社會及人文（M）	永續發展與資源的利用（Na）	Na-IV-1	利用生物資源會影響生物間相互依存的關係。	太空種植實驗：P110
		Na-IV-5	各種廢棄物對環境的影響，環境的承載能力與處理方法。	太空排泄物：P90｜太空垃圾：P91
		Na-IV-7	為使地球永續發展，可以從減量、回收、再利用、綠能等做起。	重複使用的火箭筒：P96
	能源的開發與利用（Nc）	Nc-IV-4	新興能源的開發，例如：風能、太陽能、核融合發電、汽電共生、生質能、燃料電池等。	月球土壤：P24 葡萄籽油：P110
		Nc-IV-5	新興能源的科技，例如：油電混合動力車、太陽能飛機等。	太陽能板的應用：P86、98、116

【爆笑萌科學 1】

不可思議的地球生活：
便便、樹懶、彩虹……可愛角色帶你上天下海探索萬物奧祕
A Day in the Life of a Poo, a Gnu and You

作　　　　者	麥可・巴菲爾德（Mike Barfield）
繪　　　　者	潔斯・布萊德利（Jess Bradley）
譯　　　　者	吳妍儀
封 面 設 計	巫麗雪
內 頁 構 成	高巧怡
課綱對應表整理	小漫遊編輯室
行 銷 企 劃	劉旂佑
行 銷 統 籌	駱漢琦
業 務 發 行	邱紹溢
營 運 顧 問	郭其彬
童 書 顧 問	張文婷
第 四 編 輯 室 副 總 編 輯	張貝雯

出　　　　版	小漫遊文化／漫遊者文化事業股份有限公司
地　　　　址	台北市103大同區重慶北路二段88號2樓之6
電　　　　話	(02) 2715-2022
傳　　　　真	(02) 2715-2021
服 務 信 箱	service@azothbooks.com
網 路 書 店	www.azothbooks.com
臉　　　　書	www.facebook.com/azothbooks.read

服 務 平 台	大雁出版基地
地　　　　址	新北市231新店區北新路三段207-3號5樓
書 店 經 銷	聯寶國際文化事業有限公司
電　　　　話	(02)2695-4083
訂 單 傳 真	(02)2695-4087
初 版 一 刷	2024年2月
定　　　　價	台幣350元（平裝）

ISBN　978-626-98209-2-4

Text and layout © Mike Barfield 2020
Illustrations copyright© Buster Books 2020
This edition arranged with Michael O'Mara Books Limited
through Big Apple Agency, Inc., Labuan, Malaysia.
Complex Chinese edition copyright © 2024 Azoth Books Co., Ltd.
All Rights Reserved.

國家圖書館出版品預行編目 (CIP) 資料

不可思議的地球生活：便便、樹懶、彩虹…… 可愛角色帶你上天下海探索萬物奧祕/ 麥可. 巴菲爾德(Mike Barfield), 潔斯. 布萊德利(Jess Bradley) 著；吳妍儀譯. -- 初版. -- 臺北市：小漫遊文化, 漫遊者文化事業股份有限公司, 2024.02
　面；　公分. -- (爆笑萌科學；1)
譯自：A Day in the Life of a Poo, a Gnu and You.
ISBN 978-626-98209-2-4(平裝)
1.CST: 科學 2.CST: 漫畫
307.9　　　　　　　　　　　　112022286

azoth books
漫遊者

漫遊，一種新的路上觀察學
www.azothbooks.com
 漫遊者文化

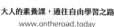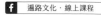
/// 遍路文化 on the road

大人的素養課，通往自由學習之路
www.ontheroad.today
遍路文化・線上課程